刑立方 著

安全问题，我注意到了！

学生安全实用手册

西苑出版社
XIYUAN PUBLISHING HOUSE
北京

图书在版编目（CIP）数据

安全问题，我注意到了！/刑立方著 .— 北京：西苑出版社，2014.6

ISBN 978-7-5151-0420-1

Ⅰ.①安… Ⅱ.①刑… Ⅲ.①安全教育－儿童读物
Ⅳ.①X956-49

中国版本图书馆 CIP 数据核字（2014）第 067474 号

安全问题，我注意到了！

作　　者　刑立方
责任编辑　李雪松
出版发行　西苑出版社
通讯地址　北京市朝阳区广泽路2号院（东区）14号楼
邮政编码　100102
电　　话　010-88637122
传　　真　010-88637120
网　　址　www.xiyuanpublishinghouse.com
印　　刷　北京中印联印务有限公司
经　　销　全国新华书店
开　　本　710mm1000mm 1/16
字　　数　150千字
印　　张　14
版　　次　2014年7月第1版
印　　次　2014年7月第1次印刷
书　　号　ISBN 978-7-5151-0420-1
定　　价　29.80元

（凡西苑出版社图书如有缺漏页、残破等质量问题，本社邮购部负责调换）

前 言

给父母的话

近些年来，儿童安全问题变得越来越受关注。家长为了让孩子平安成长可谓用心良苦，然而危险还是频繁在孩子身边出没。校车事故、溺水、性侵、绑架……血淋淋的事实让我们不得不一而再、再而三地反思：到底哪里出了问题？为什么受伤的总是年幼的孩子？其实，仔细分析一下不难发现，儿童伤害事件频发，很多时候是由一些小细节引起的。如果孩子能够正确认识这些小隐患，如果成人能够及时发现危险苗头，那么悲剧就可以少发生一些。

本书囊括家庭安全、校园安全、交通安全、人身安全、健康安全、户外安全、心理安全七大方面，由父母、老师、交警、刑警、医生、救援者、心理专家现身说法，为孩子传授最权威、最安全、最实用的自我保护方法。本书用鲜明的对比引导孩子学会认识危险、防范危险，让孩子直观地看到每一个危险细节，全面提高自己的安全意识。此外，本书还专门为父母设立了安全提醒版块，旨在辅助父母发觉身边的隐患，为孩子营造更安全的成长环境。

本书是陪伴孩子快乐成长的好伙伴，保孩子一生平安；本书是父母送给孩子最好的礼物，护孩子安全每一天！

目　录

第一章　父母对你说：生活中有些小细节，不注意会酿成大危险

第五章　医生对你说：行为习惯有些小毛病，不克服会变成大病痛

第六章　救援者对你说：人祸天灾中的小隐患，防范意识差带来更大伤亡

第七章　心理专家对你说：内心世界的小阴暗，消极面对会导致身心重创

第一章

父母对你说：

生活中有些小细节，不注意会酿成大危险

用湿布擦通电的插座——触电

防范危险，首先要认识危险

用湿布擦通电的插座和电器。

用湿漉漉的手按开关或触摸通电的插座。

将通电的插座当作玩具，乱拔或乱安电器插头。

用铁丝或铁钉乱捅带电的插座。

防范危险，安全方法要牢记

电，是日常生活中司空见惯的事物，给我们的生活带来了很大方便。但是电又是一种非常危险的东西，稍不注意就会给人们造成伤害。在我们国家，每年有数千人因为触电而失去生命，然而大部分的触电事故其实是可以避免的。因此，在生活中，我们要用正确的方法使用电，让电成为我们的好帮手，而不是令人恐惧的“电老虎”。

生活中有许多事物都可以导电，例如人体、水、金属等，所以大家千万不要用手、湿漉漉的抹布、金属等物品直接接触带电的东西。

在擦拭家里的电器时，要先把电源切断，然后用干燥的布抹去灰尘。

用正确的方法使用家里的电器，如果不熟悉用法，可以问一问爸爸妈妈。

家里的电路出现故障，要及时告诉爸爸妈妈，请电力维修工人来处理，大家千万不要随便拉电闸或乱接电线。

父母提醒，这些小细节也会引发意外危险

★给父母的话：家庭中有许多用电的地方，为孩子营造一个安全的用电环境十分必要。因此，父母要时刻警惕下面这些小细节，及时采取安全措施。

谨防电路老化，如果发现电线外层的绝缘膜破损要及时更换。

家用电器有漏电现象要停止使用，采取必要的维修措施。

购买电源插座时一定要选用符合安全标准的插座。

在家里充电的时候，充电设备最好不要随意丢在孩子轻易就能接触到的地方。

把带壳的生鸡蛋放进微波炉——爆炸

防范危险，首先要认识危险

将生鸡蛋完整地放入微波炉中加热。

将袋装牛奶放入微波炉中加热。

用金属容器盛放食物，放入微波炉中加热。

加热食物的时候，不关微波炉的门。

防范危险，安全方法要牢记

你认识微波炉吗？它是一种便捷的家用电器，可以帮助我们快速加热食物。虽然微波炉的“本领”高强，但它可是一位十分挑剔的“烹饪家”，要是使用方法不对或者选择的食物不合它“胃口”，它就会发脾气呢！所以，大家一定要将下面这些安全方法牢牢记在心中，以防微波炉变成家里的“定时炸弹”。

在使用微波炉之前，一定要认真阅读使用说明书，了解微波炉的工作原理。

不要将鸡蛋、番茄、栗子等带壳、皮或膜的食物放入微波炉中加热，因为这些食物受热膨胀时容易发生爆炸。如果想加热这种食物，例如鸡蛋，就要先将鸡蛋的壳戳破，然后选择合适的温度来加热。此外，也不要将袋装牛奶、金属盒罐头等密封的食物放入微波炉中，这样也会导致爆炸。

加热食物时，应选择专用的敞口容器来盛放食物。千万不要用普通的塑料容器、保鲜膜或金属容器，普通的塑料容器和保鲜膜容易变形，会产生对人体有害的物质，而金属容易反射微波，引起爆炸。

在微波炉工作的时候，大家要自觉远离它，因为微波炉在工作时会泄漏一定的微波，人体靠太近容易受辐射。在取食物的时候，戴上专用的手套，防止烫伤。

微波炉中没有东西时，不要让微波炉运转，这样容易损毁微波炉。加热食物时，要记得关好炉门。

父母提醒，这些小细节也会引发意外危险

★给父母的话：在使用微波炉时，还有一些小细节常常被忽略，如果不加以防范，也很容易引发危险。所以，父母要在生活中多加注意。

长时间高温加热食物。这样不仅会破坏食物营养，还容易导致食物溢出、喷溅等现象。

一次性加热太多食物，直接将食物放在微波炉转盘上。这样既不卫生，又容易发生危险。

将微波炉放在卧室，并在微波炉上乱放杂物，遮盖散热口。这样不仅增加微波辐射，还容易损毁电器。

燃烧的蚊香放在了窗帘旁——火灾

防范危险，首先要认识危险

用蚊香点火玩。

将点燃的蚊香放在报纸、窗帘等易燃物旁边。

蚊香没有熄灭就直接丢进垃圾桶。

将蚊香放在枕头边。

防范危险，安全方法要牢记

夏天到了，讨厌的蚊子也变得越来越猖獗，怎样才能赶走这些烦人的“小吸血鬼”呢？这个时候，蚊香就成了家里常备的驱蚊工具。我们常见的蚊香一般有燃烧型和用电型两种，无论是哪种类型的蚊香，大家在使用时都要牢记安全方法，避免危险发生。

将点燃的蚊香用金属架支好，放在地板砖、水泥地板等不易燃烧的地方，千万不要为了方便清理蚊香灰而将它放在报纸、杂志等易燃物上。

为了安全起见，我们可以将点燃的蚊香放在不容易被碰到的地方，要远离风口、窗帘、衣服、木质桌柜等。

在使用电蚊香前，要检查蚊香器是否完好，如果有破损最好不要用。此外，不要长时间通电，以免高温引发危险。使用完毕后要及时拔掉电源，等热度散去后再收起来。

蚊香燃烧时会产生气味，为了不影响身体健康并预防火灾，我们最好不要将蚊香放在靠近头部的地方。

发生火灾时，大家要及时报警，并学会安全逃生：用湿毛巾捂住口鼻、弯腰逃生，这样能避免呛入浓烟。如果有火苗，大家可以把湿棉被披在身上，这样可以避免被火灼伤。

父母提醒，这些小细节也会引发意外危险

★给父母的话：许多由蚊香引发的火灾大都是因为不注意小细节而导致的，为了保证家庭安全，父母就要防微杜渐，改掉下面这些坏习惯。

购买不正规的蚊香产品。

外出时不熄灭蚊香或不拔电蚊香的插头。

在室内随意燃烧废纸、布头等物品。

开水冒出来浇灭了火苗——燃气泄漏

防范危险，首先要认识危险

乱动燃气阀门，乱拧燃气灶的开关。

水烧开后不关火。

用水直接将燃气灶的火扑灭。

在燃气灶旁边放易燃物。

防范危险，安全方法要牢记

你知道吗？在我们的家中潜藏着一个“隐形杀手”，它就是——燃气。日常生活中，人们使用的燃气主要有煤气、天然气等，这些燃气中含有一氧化碳、甲烷等有害气体，一旦燃气泄漏，空气中的一氧化碳或甲烷达到一定浓度时，不仅会导致人窒息，还容易引起爆炸，给我们的生活造成巨大危害。所以，大家要防患于未然，警惕燃气泄漏。

烧水的时候不要将水壶灌太满，以免水烧开后溢出将火苗扑灭，造成“火已经关了”的假象，从而导致燃气泄漏。

平时大家不要随便拧燃气灶的开关或燃气阀门，以免造成燃气泄漏。

如果发现家里的燃气泄漏，要关上燃气阀门，及时开窗通风，然后到安全地方打电话通知爸爸妈妈并报警。千万不要开灯或开抽油烟机，或在原地打手机或座机电话。因为电火花会引爆燃气，导致爆炸和火灾。

厨房要经常通风，这样可以将做饭时残留在室内的有害气体清理干净。

父母提醒，还有一些潜在危险不容忽视

★给父母的话：燃气泄漏不仅会危害人们的身体健康，还会引发一系列危险，给人们造成巨大的经济损失，所以父母要切实做好防范措施，例如在家里安装报警器、及时更换老化的燃气灶或燃气管道等。此外，一些家庭还要警惕下面这些小细节。

在家里使用土煤炉，警惕一氧化碳中毒。

在农家厨房烟囱口堆放杂物，不利于室内烟雾排放。

使用燃气热水器时不要紧闭门窗，以防窒息。

把沐浴露洒在浴室地板上——滑倒

防范危险，首先要认识危险

乱洒沐浴露、洗发水等洗浴用品。
一边洗澡一边手舞足蹈。
淋浴时不穿拖鞋。
将物品随意扔在浴室地板上。

防范危险，安全方法要牢记

你喜欢洗澡吗？你知道小小的浴室暗藏着哪些隐患吗？由于空间狭小、地面常常会出现积水，因此在浴室摔倒、碰伤等事件时有发生。大家可千万别忽视浴室安全，如果不小心滑倒，轻则碰伤，重则还可

能危及生命。下面，就让我们一起来学习一些浴室安全知识吧！

洗澡前，准备好要用的物品，将它们摆放在合适的地方，并穿上防滑拖鞋。

洗澡时不要手舞足蹈，以免重心不稳而滑倒。如果自己一个人洗澡，最好不要反锁浴室的门，这样在遇到不测的时候，能及时向爸爸妈妈求救。

如果不小心将沐浴露、洗发水洒在地板上，要及时清理干净，以防踩在上面滑倒。

洗完澡后将洗浴用品摆放整齐，并及时将地板上的水擦干，这样可以减少滑倒的危险。

父母提醒，还有一些潜在危险不容忽视

★给父母的话：浴室往往还隐藏着一些潜在危险，父母要及时看到这些危险，防患于未然，为孩子营造安全、舒适的生活环境。

浴室的地面最好铺防滑的地板砖，尽可能减少滑倒的风险。每当沐浴完毕，可以在门口放一块干燥的厚毛巾，让孩子将脚上的水吸干，这样可以防止走出浴室后滑倒。

浴室的电源开关和电源接口最好配上安全罩，以免水滴溅在上面而引发触电。

无论是淋浴还是盆浴，父母都要调控好水温，以免烫伤孩子。

向旋转的电扇扔东西——飞溅

防范危险，首先要认识危险

向着旋转的电扇扔东西。

将手伸入旋转的电扇中。

冲着旋转的电扇大喊。

随意搬动沉重的落地扇。

防范危险，安全方法要牢记

在炎炎夏日，电扇可以说是人们生活中的“好伙伴”，它能给我们带来清凉的风，帮我们吹走令人烦躁的高温。你都见过哪些电扇呢？落地扇、吊扇、空调扇……电扇的种类还真不少呢！可是，如果你想跟电扇开危险的玩笑，那它可是会“生气”哦！结果要么是罢工，要么是让人受伤。所以，在使用电扇的时候，大家一定要牢记安全方法。

如果不熟悉电扇的用法，要认真阅读使用说明书，不要随便乱按电扇上的按钮，或者不停地扭动电扇旋钮，那样很容易损毁电扇。

当电扇正在运转时，我们要和电扇保持一定距离。如果有人向电扇扔东西或把手伸向电扇中，大家要及时制止，以免发生危险。

如果想要搬动电扇，要先将电源关闭。要是电扇太重，可以请爸爸妈妈来帮忙，不要逞能，以免被砸伤。

就算天气非常热，也不要对着电扇猛吹，这样很容易着凉。

父母提醒，这些小细节也会引发意外危险

★给父母的话：电扇是许多家庭比较常见的电器，而且很容易被孩子们当作玩具来玩儿。这就需要父母做好监护，及时制止孩子的危险行为。此外，父母还要注意一些安全小细节。

电扇放置时间太久会积满灰尘，在使用前先清理干净再使用，这样可以防止灰尘吹入孩子眼中。

定期对电扇进行检修，排除潜在的故障，减少危险发生的几率。

生活中还有一些手拿的小风扇，深受孩子们喜爱，但是在使用这些小风扇的时候，父母要提醒孩子不要离身体太近，以免被飞转的扇叶刮伤。

在柜子里捉迷藏——窒息、砸伤

防范危险，首先要认识危险

藏在衣柜中捉迷藏。
钻入行李箱中玩耍。
在柜子里睡觉。
将柜门从里面反锁。

防范危险，安全方法要牢记

你喜欢在家里玩捉迷藏吗？你通常都会选择藏在哪里呢？如果你的答案是衣柜、箱子、储藏室等狭窄、堆满物品的地方，那真是太糟糕了。因为这些地方充满了危险，一不小心就会危及你的生命！新闻中就曾经报道过许多因为躲在柜子中捉迷藏而窒息死亡的事件，因此大家在做游戏的时候可不能大意!

衣柜中充满衣服，躲在里面呼吸会变得困难，时间久了就会导致窒息。因此，大家千万不要躲在衣柜中。

行李箱的空间十分有限，大家可不要以为自己身体小，就能“装”在里面，过分折叠、挤压自己的身体很容易引起骨折。

家里的储藏室常常堆满杂物，在这种地方捉迷藏很容易碰落物品而砸伤自己，所以，大家还是离储藏室远一些吧！

如果发现有人躲在狭小封闭的空间内，一定要及时将他拉出来，以免被人忽略而发生意外。

如果不小心被关在了柜子中，大家要用力拍打柜门并大声呼喊，提醒外面的人来解救自己。

父母提醒，还有一些潜在危险不容忽视

★给父母的话：孩子们的想法通常很简单，在玩游戏时往往会忽略一些安全，认为只要将自己藏起来就可以了。所以，除了前面提到的衣柜、行李箱、储藏室等，家里还有一些充满危险的狭窄空间，需要父母提高警惕。

洗衣机。身材较小的孩子很容易钻进去。

壁橱。孩子很容易被卡在里面出不来。

冰柜、冰箱。宽敞的冷冻室也会成为孩子们的藏身地。

趴在阳台、窗口上玩——坠楼

防范危险，首先要认识危险

趴在窗口向楼下张望。
和小朋友趴在阳台上玩。
踩着板凳开窗户。
坐在宽大的窗台上玩儿。
站在窗台上擦玻璃。

防范危险，安全方法要牢记

大城市有高高的住宅楼房，乡镇农村有挺拔的小洋楼，不得不说，楼房成为了许多家庭的居住方式。住在远离地面的地方，一些危险也随之而来，坠楼就是其中之一。要避免从楼上摔下去，大家就要提高安全意识，不要做一

些危险的行为。

如果想要看窗外的景色，要关上窗户，隔着玻璃看。

如果听到有人在楼下叫自己，可以在窗口大声应答，但不要随便将身体探出窗外。也可以下楼去看看。

如果家里有露天阳台，不要趴在阳台的栏杆上玩儿，也不要和小朋友在阳台上追赶打闹，以免发生意外。

千万不要和小朋友将身体探在半空中，玩“试胆量”的游戏，更不能故意向窗外推小朋友，这些都是非常危险的行为。

擦玻璃的时候，要将窗户关好，擦内侧的玻璃即可，外侧的玻璃可以交给爸爸妈妈来处理。

不要向楼下扔东西，这种行为既不文明，还容易砸到楼下的人或物，给他人带来伤害。

父母提醒，这些小细节也会引发意外危险

★给父母的话：许多父母认为，0～4岁的小孩子乱爬会出现坠楼的危险，而年纪大一些的孩子懂事了，就不容易发生这样的危险了。事实上，5～10的孩子更容易发生坠楼危险，而且暑假往往是坠楼的高发期。一方面因为这一年龄段的孩子活泼好动、安全意识差，另一方面因为夏天开窗时间长，增加了危险发生的几率。因此，父母要从细节入手，为孩子营造安全的生活环境。

尽量不在窗户边放板凳、椅子等物品，以免孩子乱爬。

安装防护网，防止孩子向窗外探身子。

在露天阳台内侧的地板上放一些植物，让孩子和外侧栏杆保持安全的距离。

如果是农家平房，则不要让孩子上房玩耍，以免发生不测。

最好别在露天阳台的台子上摆放花盆，以免孩子不小心碰翻，掉下楼砸到其他人或物。

蹦蹦跳跳上下楼——绊倒

防范危险，首先要认识危险

跑着上楼。

一次跨几个台阶。

上楼梯时互相追赶。

倒着上下楼。

从楼梯上向下跳。

防范危险，安全方法要牢记

相信大家都会上下楼梯，然而并不是所有人都能安安全全走完长长的楼梯，这里面可是蕴藏着大大的学问呢！为什么有些人会在上楼时磕到膝盖？有些人会在下楼时扭到脚？有些人会从楼梯上摔下来？有些人在楼梯上发生碰撞？……主要原因就是大家忽略了上下楼的安全。那么，我们应该如何正确地上下楼呢？看完下面的方法你就明白了。

上下楼的时候放慢脚步，扶好楼梯扶手，看准每一个台阶，这样可以防止绊倒和踩空。最好不要一边看书一边走楼梯。

如果上下楼的人比较多，大家要靠右行，这样可以避免发生碰撞。

在狭窄的楼梯上不要和他人拥挤或打闹，以免从楼上摔下来。

不要坐在人来人往的楼梯上，这样很容易绊倒他人或被他人踩到。

在他人上楼或下楼的时候，不要从背后推搡对方，也不要故意藏在拐角处吓唬对方，以免他人受惊摔下楼梯。

父母提醒，一些恰当的方法可以降低危害

★给父母的话：如果孩子在上下楼时不小心扭到脚等，伤势不太严重的话，父母可以采取一些科学的急救措施来缓解孩子的伤痛。如果伤势很重，要及时送往医院就诊。

在扭伤脚的 24 小时内，用冷毛巾敷在扭伤的地方，能够起到缓解疼痛、消肿的目的。

在电梯里打闹——电梯故障

防范危险，首先要认识危险

在电梯里蹦跳。

用手扒电梯门。

故意用力拍打电梯门。

乱按电梯内的警铃。

用障碍物阻挡电梯关门。

防范危险，安全方法要牢记

在一些高层住宅和商业大厦中，升降电梯是一种十分常见的传送工具。它省去了人们爬楼梯的麻烦，大大方便了我们的生活。不过，想要让电梯为我们提供便捷的服务，大家不仅要掌握安全乘坐的方法，还要自觉维护电梯设施。下面，大家就来学习一些电梯安全知识吧！

在乘坐电梯时要正确使用电梯按键，不要将电梯当成升降玩具，乱按上面的按键。

不要在电梯门处设置障碍，也不要在电梯间内乱跳，以免引起电梯故障。

如果电梯突然停止不动了，不要慌张，试着按下开门键，如果不起

作用，要按警铃报警，耐心等待救援，千万不要扒门。如果报警无效，可以敲打电梯门，向外界的人呼救。

如果电梯开始下坠，则要快速地按下每一层的按键，并按响警铃，然后贴着电梯壁半蹲而站。如果电梯里有栏杆扶手，可以用手抓住栏杆，保持身体平衡。

父母提醒，这些小细节也会引发意外危险

★给父母的话：父母除了要教孩子乘坐电器的正确方法，还要给孩子树立一个好榜样，改掉下面这些坏习惯。

在电梯里抽烟。电梯空间狭小，抽烟不仅影响孩子的健康，而且还容易引发火灾危险。

带易燃易爆品乘坐电梯。如果发生危险，那么将会给电梯里的人带来巨大伤害。

超载。如果乘坐电梯的人非常多，不要带着孩子硬挤。

一边吃饭一边大笑——呛食、噎食

防范危险，首先要认识危险

一边吃饭一边大笑。
一边看电视一边吃饭。
吃饭时狼吞虎咽。
着急喝水。
将大块果冻整个吞下去。

防范危险，安全方法要牢记

你有没有过这样的经历：吃饭的时候，突然感觉气管被异物堵住，然后呼吸变得急促，开始猛烈地咳嗽，一句话也说不出来？这就是呛食、噎住的表现。相信尝过这种滋味的人一定不愿再被呛到、噎到，可是这种情况还是会不时地出现在我们的生活中。大家可不要觉得习惯就好，严重的话，呛食、噎食还会导致死亡。其实，呛食、噎食是可以避免的，大家在吃东西的时候要记住下面这些安全方法。

吃饭的时候细嚼慢咽，将注意力集中在食物上，尽量不要做其他事情，尤其是不要大笑。

吃流食的时候不要用力吸食，这样很容易将食物吸到气管，导致呛食。吃米饭、面条等粒状和条状的食物时要多加注意。

喝汤、喝水的时候要放慢速度，不要过分向后仰头猛灌，也不要说话、大笑。

吃大块的食物时最好切开一口一口地吃，以免囫囵吞被噎住。

被呛到、噎到的时候，千万不要用手抠嗓子，也不要立刻喝水，这样很容易引起其他危险。如果有人被呛到、噎到，情况严重地话要立刻拨打急救电话。

父母提醒，这些小细节也会引发意外危险

★给父母的话：呛食、噎食不仅会出现在进食的时候，还会出现在其他行为中。例如孩子做游戏的时候往嘴里放小东西，和伙伴互相打闹等，因此父母要注意一些生活小细节，减少危险的发生。

将家里的小物品放在孩子不容易拿到的地方，例如珠子、纽扣等。

吃饭的时候不要过分催促孩子，以免孩子着急而发生呛食、噎食。

经常挑食、偏食——营养不良

防范危险，首先要认识危险

把零食当饭吃。

不吃蔬菜或不吃肉，只吃某种食物。

吃饭时挑挑拣拣，吃太少。

好吃的东西就吃很多，不好吃的东西一点也不吃。

防范危险，安全方法要牢记

你喜欢吃什么食物？不喜欢吃什么食物？你吃饭的时候会对食物挑三拣四吗？这可不是一种好习惯。大家正处在长身体的时候，只有吃各种各样的食物，才能从中吸收充足的营养，身体才会长得又高又壮。如果挑食、偏食，那么身体就会发出抗议，变得虚弱多病，让人感觉很不舒服。所以，大家在吃饭的时候要注意喽，公平地对待每一种食物，你会发现它们其实都很可爱又可口呢！

蔬菜里面富含维生素、矿物质和纤维素等多种营养，肉类食物则富含蛋白质、脂肪、多种微量元素等人体所需的营养，每种食物都吃一些可以促进生长发育，避免营养不良。

一日三餐按时吃，尽量少吃零食。

为了摄取营养，在看到不喜欢吃的食物时，大家可以把它想象成自己喜欢的食物，这样有助于进食。

吃饭的时候可以和爸爸妈妈比赛，小小的竞争游戏可以增进食欲。

父母提醒，一些恰当的方法可以降低危害

★给父母的话：随着生活水平的提高，孩子接触的食物种类也会越来越多，这个时候很容易出现挑食、偏食等现象，如果对孩子的行为不加以纠正的话，很容易导致厌食症。其实，父母只要从一些生活细节入手，就能有效地改善孩子的行为，让孩子爱上食物。

在烹饪食物的时候尽量多样化，荤素搭配、粗细搭配，增加食物的色、香、味，这样可以提高孩子的食欲。

选择孩子感兴趣的餐具，有助于调动孩子吃饭的积极性。但是在吃饭时，父母要避免喋喋不休的说教。

可以采取“少量多盛”的方式，每次给孩子盛一点饭，吃完后再盛，这样既可以避免一次吃太多，也可以增加孩子的成就感，让他爱上吃饭。

喝捡到的“矿泉水”——中毒

防范危险，首先要认识危险

吃或喝捡到的食物、饮料。

捡别人丢掉的食物吃。

吃路边的野果、野蘑菇等植物。

吃垃圾箱中翻出来的食物。

防范危险，安全方法要牢记

喝矿泉水会中毒？你一定认为这是在开玩笑。不，这是真实发生的事情，两个小朋友因为喝了捡来的“矿泉水”，结果一人中毒身亡，另一人险些丧命。生活中还有许多类似的例子，受伤害的不仅有小孩子，还有成年人，而导致这些危险发生的元凶，就是那些捡来的东西。因此，大家一定要牢记安全方法，不要被这些看起来常见却暗藏危险的“捡来的食物”欺骗。

即使很饿或很渴，也不要吃捡到的食物。

如果捡到气味怪异的“矿泉水”，千万不要用手直接接触液体，更不能喝，也不要将它带回家，正确的做法是将它交给警察叔叔，请他们来处理，这样还可以避免其他人捡到后误饮。

捡到不熟悉的野果、野蘑菇等野生植物，大家不要出于好奇而乱吃。

如果发现有人吃捡来的东西，要及时劝阻。如果有人出现中毒现象，要赶快拨打急救电话并报警。

父母提醒，这些小细节也会引发意外危险

★给父母的话：生活中由于误食捡来的东西而中毒的案例数不胜数，这种现象不仅发生在户外，在家中也时有发生。因此，父母一定要从细节入手，做好监护与防范措施。

不要将消毒液、药水等物品随意乱放，以免孩子因好奇而误饮。

告诉孩子洗涤用品的用途，让他明白这些东西不是食物。

及时处理变质、过期的食物，以防孩子误食。

欺负小动物——咬伤

防范危险，首先要认识危险

对家里的宠物拳打脚踢。

故意抢宠物的食物。

欺负野猫、野狗等流浪动物。

招惹动物园里的动物。

防范危险，安全方法要牢记

你喜欢小动物吗啊？你有没有自己的小宠物？和动物做朋友，它们会给我们的生活增加许多乐趣；而如果将它们当作异类，那么人与动物之间会发生许多不愉快的摩擦。你知道如何安全地与动物相处吗？将下面这些方法记在心间吧！

在家里给小宠物营造舒适的生活环境，不要故意侵犯它的领地或抢它看重的东西。

带宠物出去散步的时候，最好给宠物戴上牵绳，尤其是大狗，以免它与其他动物或人发生冲突。

不要招惹或随意亲近陌生的动物，以防发生不测。

去动物园的时候，不要翻越安全栏去接近园内动物。

如果不小心被动物抓伤或咬伤，要及时告诉爸爸妈妈，去医院就诊。

最好不要养凶猛、危险的宠物，例如食人鱼、蛇、蜈蚣等，以免发生意外。

父母提醒，一些恰当的方法可以降低危害

★给父母的话：如果孩子不小心被宠物抓伤、咬伤，伤势较轻的话可以做一些急救处理，然后及时带孩子去医院注射疫苗。

将伤口冲洗干净，然后用肥皂清洗一下，这样能起到杀菌的作用。

如果伤口很浅，可以将里面的血挤出来，这样能减少细菌感染。

在人多的地方玩轮滑——撞到行人

防范危险，首先要认识危险

在人潮拥挤的广场上玩轮滑。

在马路上玩轮滑。

一边玩轮滑一边打闹。

在坑坑洼洼的路面上玩轮滑。

防范危险，安全方法要牢记

轮滑是一项好玩又健身的体育运动，它能锻炼全身，有效促进儿童生长发育。可是，轮滑玩不好也会出现许多危险。有数据显示，美国每年因为轮滑而受伤的儿童数量高达4万多，而在我国也有不少人在玩轮滑时出意外，尤其是寒假和暑假，受伤人数非常多。难道玩轮滑一定要经历受伤这一过程吗？当然不是，大家完全可以安安全全地参与这项运动，前提就是提高安全意识，掌握安全的运动方法。

在玩轮滑之前，准备好各种护具，如头盔、护膝、护肘等，并检查轮滑鞋是否完好，排除潜在的危险。

做一些热身运动，让身体各关节充分舒展开来，这样可以减少运动伤害。

选择平坦、开阔、人少的场合进行练习。如果技术不太好，要慢慢练习，不要尝试危险的高难度动作。此外，给自己规定一个合适的时间，不要长时间、超负荷运动。

玩轮滑的时候和其他练习者保持一定距离，以免发生碰撞。

玩滑板车、滑板等运动的时候，同样也要注意安全。

父母提醒，这些小细节也会引发意外危险

★给父母的话：轮滑是一项深受少年儿童喜爱的运动，既能促进孩子各项生理机能的发展，还可以培养他自信、坚强等优秀的品质。孩子在参与这项运动时，自然免不了受到一些小挫折，这些小磕碰有助于提高孩子的逆境能力，但是危及孩子生命的举动则要引起父母高度重视。为了让孩子安全、快乐地成长，父母就要注意一些小细节。

不选购劣质的轮滑鞋，以免给孩子埋下安全隐患。

最好为孩子请优秀的教练，让孩子接受正确、规范的指导。

挨着电线放风筝——电路事故

防范危险，首先要认识危险

在电线纵横交错的地方放风筝。

在大树下放风筝。

在人来人往的路上、拥挤的广场上放风筝。

在楼顶和天桥上放风筝。

用风筝互相打闹。

防范危险，安全方法要牢记

放风筝是一项有益身心健康的运动，草长莺飞的春天、万里晴空的秋季都是放风筝的好时节。不过，在享受放风筝乐趣的时候，大家还要注意安全，不要让玩乐变成悲剧。那么，放风筝时需要注意哪些方面呢？下面，我们就为大家详细地介绍一下。

选择开阔、平坦、人少的地方放风筝，避开电线、大树、住宅、人群、楼顶、马路、河边等，这样可以自由奔跑，减少意外事故的发生。

如果风筝落到了电线上，大家千万不要使劲儿拉拽风筝线，这样很容易引起电路故障，进而导致触电、火灾等危险。大家可以打电话请专业的电业工作者将风筝取下来，以确保安全。

风筝如果挂在了树上、楼顶上，大家不要随便爬高，以免摔伤。

细细的风筝线容易割伤手指，在放风筝的时候，大家可以戴上手套。在放风筝的时候，还要随时留意脚下，以免被绊倒。

大风、雷电等恶劣的天气不适合放风筝。

如果风筝坏掉了，要将它收回，放入垃圾箱。千万不要用坏风筝和小朋友互相打闹，以免捅伤、扎伤。

父母提醒，这些小细节也会引发意外危险

★给父母的话：好玩的风筝往往也存在安全隐患，尤其是一些细节地方，很容易被忽略，如果不注意的话，会酿成大危害。因此，父母要提高警惕。

为孩子选择大小合适的风筝，指导孩子正确放风筝的方法。

如果风筝线断掉了，要和孩子将断线全部收回，这样可以避免风筝线乱飘而将路人绊倒、割伤。

玩商场的旋转门——夹伤

防范危险，首先要认识危险

和小朋友在旋转门中互相拥挤、打闹。
使劲推旋转门。
向旋转门的夹缝中塞异物。
故意踢打旋转门玻璃。

防范危险，安全方法要牢记

在一些大商场、酒店、医院等地方，旋转门是一种比较常见的设施，它设计新颖，很容易引起小朋友们的好奇心。但是大家千万不要将它当作游戏设施，如果使用方法不当的话，很容易让自己和他人受到伤害。所以，大家要牢记下面这些安全方法。

进旋转门的时候不要拥挤，按秩序一个人进一格，不要和他人挤在一起。

在旋转门中行走的时候，按照门的速度缓步前进，不要着急往前赶，也不要停在原地不动，以免被门撞到。

不要将手伸入旋转门的夹缝，小心夹手。

不要和小朋友在旋转门中玩躲避游戏，这样很容易发生碰撞。如果看到有人玩，最好进行劝阻。

父母提醒，还有一些潜在危险不容忽视

★给父母的话：在日常生活中，门是一种十分常见的设施，除了旋转门外，父母还要注意其他门潜在的危险，让孩子提高门的安全意识。

注意透亮的玻璃门，不要让孩子在商场里横冲直撞，以免发生碰撞。

开关门的时候动作要轻，以免碰到其他人。

不要和孩子躲在门后做游戏，这样很容易被撞伤。

有一些门是带栅栏的，父母千万不要让孩子将头、手等身体部位伸入栅栏中，以防被卡住。

在自动扶梯上做游戏——摔下楼梯

防范危险，首先要认识危险

在自动扶梯上追赶打闹。
趴在自动扶梯的扶手上玩。
坐在自动扶梯的台阶上。
在自动扶梯上逆行。

防范危险，安全方法要牢记

自动扶梯是一种十分便捷的传送工具，人们站在上面不用动，就可以从楼下到达楼上，或者从楼上到达楼下。生活中常见的自动扶梯一般有台阶式和坡面式的，无论是哪种形式的自动扶梯，我们在乘坐的时候都要注意安全。

乘坐自动扶梯的时候不拥挤，安稳地站在台阶上，扶好扶手，和他人保持一定距离。

最好不要在自动扶梯上走动或奔跑，以免滚落楼梯。

如果穿着系带的鞋，要将鞋带绑好，以防鞋带夹入自动扶梯的缝隙中。此外，不要故意向自动扶梯的缝隙中塞东西。

乘坐自动扶梯的时候，不要将身体探出扶手外侧，这样很容易撞到头部。

当自动扶梯到达尽头的时候，要及时迈步下来，给后面的人让路，这样可以防止发生碰撞。另外，不要在扶梯口玩耍。

父母提醒，这些小细节也会引发意外危险

★给父母的话：许多商场、超市等地方都设有便捷的自动扶梯，孩子很容易被这种自动传送的设施勾起好奇心。这时，父母要注意一些细节，保证孩子的安全。

带孩子乘坐自动扶梯时，父母要拉好孩子的手，并将手中的小物品抓紧，以防掉入电梯的缝隙中。

不要将手提袋或其他物品放在自动扶梯的扶手上。

如果自动扶梯突然停止运行，不要慌张，带孩子慢慢走下扶梯，并通知相关人员进行维修。

不要带孩子乘坐人很多的自动扶梯，以免超载。

在建筑工地上玩——建筑事故

防范危险，首先要认识危险

偷偷溜进建筑工地玩。

乱按、乱动工地上的按钮、阀门和工具。

随意攀爬未建成的建筑物。

在大型的卡车附近玩耍。

防范危险，安全方法要牢记

随着城市不断发展，越来越多的高楼拔地而起，建筑工地也成了我们生活中比较常见的场所。这是一种非常危险的地方，里面藏着许多安全隐患，稍不注意就会发生意外，无论是大人还是小孩，都有可能受到伤害。因此，大家要提高警惕，牢记这些安全方法。

看到建筑工地要自觉绕行，不在工地

附近活动，同时要避开大型的工地车辆，以免被车刮倒、轧伤。

如果和大人一同进入建筑工地，要戴上安全帽，并和大人待在一起，不要四处乱跑。

不要和小朋友在沙堆、砖墙等建筑材料附近玩，更不能向他人扬沙、丢砖块或石头，这样很容易发生意外。

不要将木棍、铁锹等工具当作玩具互相打闹。

建筑工地上有许多杂乱的东西，在行走的时候要注意脚下和周围的环境。

父母提醒，还有一些潜在危险不容忽视

★给父母的话：除了建筑工地，生活中还有一些危险的场所，例如废弃的建筑物、修理中的路面、工厂附近等。父母要留意生活中的危险，让孩子提高安全意识。

带孩子熟悉自家周围的环境，帮孩子指出哪些地方有危险，让孩子自觉远离。

不要用虚构的故事来吓唬孩子，以免勾起孩子的好奇心，反而让孩子接近危险的地方。

最好不要带孩子去危险的废弃建筑内，以免房子突然倒塌而发生意外。

在陌生的地方乱逛——迷路

防范危险，首先要认识危险

独自在大型商场、超市、游乐园等人多的地方乱逛。

在陌生的地方随意离开大人。

在车站乱上车。

随便跟陌生人走。

防范危险，安全方法要牢记

你有没有遇到过迷路？一个人在陌生的地方看着人来人往，这种感觉真不好受呢！造成迷路的原因有很多，比如和家人走散、来到陌生的地方、走错路、搭错车等。那么，遇到这种情况时，我们应该怎么办呢？下面，大家就来学一学防范迷路的安全方法吧！

和大人一同外出时，尽量不要离开大人独自行动，这样很容易和大人走散。

在独自去某个地方前，可以先看一下交通，选择正确的路线。

如果不小心在商场、超市和大人走散，可以向商场保安或其他工作人员求助，千万不要随便跟陌生人走。

要是在陌生的地方迷路，可以向警察求助。一般城市中常设有醒目的 110 站点，大家可以在那里找到警察。

如果有通讯工具，迷路时要和爸爸妈妈及时联系，告诉他们自己的所在地，然后耐心等他们来接。

在候车室或车站等人多的地方时，千万不要到处乱跑，更不能偷偷溜上陌生的车辆，这样很容易和大人走散，被带去陌生的地方。

父母提醒，这些小细节也会引发意外危险

★给父母的话：迷路是一件很糟糕的事情，为了减少孩子迷路的危险，父母可以从一些生活细节入手，指导孩子做好安全防范。

带孩子熟悉自家附近的道路、建筑物等，让他记住回家的路。

如果外出旅游，有条件的话给孩子配备一个通讯设备，以便在孩子迷路时能与孩子取得联系。

带孩子出门要提高警惕，不要只顾自己聊天或做一些其他的事而忽略了孩子，尽量不要让孩子离开自己的视线。

在烈日下活动——晒伤、中暑

防范危险，首先要认识危险

在烈日下做运动。

长时间在高温的天气下活动。

去海边不做任何防晒措施。

感觉身体不舒服依旧活动。

防范危险，安全方法要牢记

在长身体的时候，适当晒一晒太阳可以促进身体发育，然而在炎炎烈日下暴晒就太危险了。炽热的阳光不仅会晒伤我们的皮肤，还很容易导致高温中暑，严重的话还会危及我们的生命。因此，在夏日出行的时候，大家要掌握一些安全方法。

夏日阳光强烈，外出时穿一些宽松的衣服，并抹上防晒霜或披上轻薄的防晒衫，这样可以起到良好的防晒效果。但是不要为了防晒而穿太厚的衣服，以免引起中暑。

在高温的天气要注意防暑，可以吃一些清淡、爽口的食物，但是不要一次性吃太多冷饮。此外，还要及时补充水分。

去海边玩耍时一定要提前做好防晒准备，不要在阳光下暴晒，也不要做剧烈运动。

一般来说，中午前后是阳光最为强烈、气温最高的时候，大家尽量避开这一时段，选择凉爽的时间活动。

如果感觉身体不舒服，要及时告诉爸爸妈妈，确认是否中暑，并根据需要吃一些祛暑药。

适当进行午休，这样有助于补充体力，能起到一定的防暑功效。

父母提醒，一些恰当的方法可以降低危害

★给父母的话：如果发现孩子中暑，父母可以采取一些急救措施，降低中暑对孩子造成的危害。

将孩子带到凉快的地方，给孩子适当补充一些淡盐水或清凉的水。如果孩子上身衣服系着扣子，要将扣子解开，保证孩子呼吸顺畅。

如果孩子中暑情况严重，要赶快拨打急救电话，送到医院就诊。

随意燃放烟花爆竹——炸伤

防范危险，首先要认识危险

随意燃放烟花爆竹，尤其是大型爆竹。

将炮放在手中引燃。

将点燃的鞭炮扔到他人身上。

看到别人放炮就去凑热闹。

在垃圾堆上翻捡没有燃放完的鞭炮。

防范危险，安全方法要牢记

每到过年，燃放烟花爆竹就成了人们庆祝新年的方式之一。这个时候，因为放炮而引发的事故也随之增多。还记得放假前学校告诉大家的安全事项吗？你有没有牢记爸爸妈妈的叮咛嘱咐？唉，不得不说，有些人在看到有趣的烟花爆竹时就将这些安全提醒忘得一干二净了。要知道，许多烟花爆竹引起的危险就是由于缺乏安全意识而发生的。因此，大家要做好安全防范，学会保护自己。

想要放炮的时候，可以请大人来放，大家在一旁观看，尽量不要离炮竹太近，以免被炸伤。

年纪大一些的孩子可以试着放比较安全的小鞭炮，但是不能在人多的地方、干草堆、垃圾堆、电线旁等危险的地方燃放。

看到有人放炮，大家最好绕开，或者站在安全的地方，等炮放完后再走，这样可以避免被炮炸伤或被落下的炮砸到。

在放炮的时候不要和小朋友互相打闹，也不要将炮中的药粉倒出来玩，以免发生意外。

如果炮竹在引燃后没有动静，千万不要靠近查看，一旦炮竹突然爆炸，后果将不堪设想。

放完炮后要将火源熄灭或收好，不要随意丢弃燃香、火柴、打火机等火源，以免引发火灾。

父母提醒，这些小细节也会引发意外危险

★给父母的话：孩子常常会模仿父母的行为来燃放烟花爆竹，所以父母要为孩子树立正确的榜样，改掉生活中的一些错误的做法。

将鞭炮挂在楼房的窗户外燃放。这种做法非常危险，不仅会给楼下的住户带来麻烦，火星四处飞溅还会引燃周围的东西或炸伤楼下的行人，造成不堪设想的后果。

不要鼓励孩子燃放大型的爆竹，以免发生危险。

在家里存放烟花爆竹时，要放在干燥、凉爽、孩子看不到的地方，不要和易燃的杂物如报刊、打火机等物品放在一起，也不要放在暖气旁边，以防挤压、高温引起爆炸。

第二章

老师对你说：

学校里有些小地方，鲁莽行事会引发大悲剧

上下楼梯互相拥挤——踩踏

防范危险，首先要认识危险

上下楼时和周围的同学互相推挤。
在楼梯上追赶打闹。
在楼道里做游戏。
在楼梯上与拥挤的人潮逆行。

防范危险，安全方法要牢记

在学校，楼梯通道是容易发生危险的地方。同学们人数众多，在狭窄的楼梯通道上一不小心就会引发踩踏事故。新闻上有关校园踩踏的报道不胜枚举，其实这些危险完全是可以避免的，只要我们牢记安全方法，就可以让自己和他人远离踩踏危险。

集体活动的时候，上下楼梯时要自觉靠右行，不要和其他同学打闹、推挤。如果是以班级为单位活动，要遵守集体秩序，排队上下楼。

课间活动的时候，大家最好到操场做运动，不要在狭窄的楼道中打球、追赶等，以免发生意外。

如果看到楼梯上人很多，可以在安全的地方稍等一下，等拥挤的人潮散去后再走，这样能防患于未然。

不要从楼梯上往下跳，以免摔伤、扭伤。如果发现有人在上下楼梯时被挤倒，一定要大声提醒周围的同学，让大家不要拥挤，并及时通知老师。

如果自己不小心在拥挤的楼梯上摔倒，要大声呼喊提醒周围的人，同时用双手保护好自己的头部，尝试站起来。

老师提醒，还有一些潜在危险不容忽视

★给父母的话：除了学校，许多公共场合也十分容易发生踩踏事故，例如超市、电影院、游乐场、体育馆等。因此，父母带孩子外出时，一定要注意这些潜在的危险，做好防范措施。

电影散场后，等影院内的灯全部亮起来后再走，尽量避开拥挤的人潮。体育馆、剧院等其他场合散场同样要注意这一细节。

如果超市里人很多，父母要将孩子带在身边，不要和众人拥挤，尤其是上下楼的时候，最好避开人潮。有时候乘坐自动扶梯的人很多，大家要听从工作人员的指挥，分批次上下扶梯。

在游乐场玩的时候，父母和孩子要自觉排队，不要和他人争抢、拥挤。

从楼梯扶手滑下去——跌伤

防范危险，首先要认识危险

把楼梯扶手当作滑梯，从上面滑下来。

趴在楼梯扶手上和楼下的同学说话。

从楼梯上向下扔东西。

随便翻越楼梯扶手。

防范危险，安全方法要牢记

在一些影视剧中，我们经常会看到一些演员很帅气地从高高的楼梯扶手上“一滑到底”，要知道，演戏和现实生活不一样，演员们都是经过特技训练的人，并且做好了安全防护，如果在现实生活中做这

种动作，那么受伤的只会是自己。因此，大家一定要理智地看待这一现象，不要和自己的生命开玩笑。

楼梯扶手的主要作用是防护大家的安全，同学们在上下楼的时候可以扶着它，但是绝不能将它当作滑梯。

不要将书包、书本等物品放在楼梯扶手上，以免物品掉下楼砸到其他同学。

如果发现有同学滑楼梯扶手，大家一定要及时劝阻，以免发生危险。如果有同学正从扶手上滑下来，大家要赶快闪到旁边安全的地方，不要站在楼梯的正下方，以防被滑下来的同学撞倒。

要是有同学不小心摔伤，大家一定要及时通知老师。

老师提醒，这些小细节也会引发意外危险

★给父母的话：孩子的认知有限，而且好奇心强，对一些危险的动作没有全面的认识，因此在生活中，父母要注重培养孩子的安全意识，让孩子学会分辨安全和危险。

在观看影视剧时，可以为孩子介绍一些与特技动作有关的知识，让孩子明白演戏和现实生活的区别，这样既可以满足他的好奇心，还可以让他自觉远离危险。

父母要注意孩子的日常表现，不要让孩子在自家楼道玩楼梯扶手。

平时，父母不要让孩子看暴力、血腥的电影，以防孩子模仿其中的动作。

在教室里追赶打闹——磕伤

防范危险，首先要认识危险

和同学在教室里互相追赶。

在教室门口互相拥挤。

随便搬动桌椅打闹。

一下课就往外冲。

防范危险，安全方法要牢记

在教室里也会发生危险吗？当然。教室里到处都是桌子、椅子，供大家自由活动的空间十分有限，只要稍微有推挤，很容易撞到桌角、椅子上。不过，教室里这种危险是可以避免的，只要大家将安全方法记在心间，就能有效减少意外发生。

从座位上起身的时候，动作要柔和，这样可以避免和桌椅发生剧烈碰撞。

下课时不要和同学们拥挤，等大家散开后再离开座位走出教室。

在教室里不要奔跑，因为桌椅间的通道很窄，奔跑容易撞到桌椅上。

课间活动的时候不要站在门口，以免其他同学开关门时发生碰撞。

另外，开关门时动作轻柔一些，不要用力摔门。

如果有同学在教室里追赶打闹，大家要及时劝阻，以防发生危险。如果对方不听，大家可以请老师来调节，或者远离他们，避免受牵连而撞伤。

换座位的时候，搬动桌椅要小心，以防碰到自己和其他同学。

老师提醒，一些恰当的方法可以降低危害

★给父母的话：有时候，孩子在家中也会发生磕碰，这就需要父母多加注意，提前做一些防护措施，以减少危害的发生。

告诉孩子别在屋里乱跑，以免碰到家具上。

父母在购买家具的时候可以选择弧形的圆角家具，这样能降低磕碰的伤害。

如果家里的家具带有尖锐的棱角，父母可以用布、海绵等柔软的物品将角包起来，这样也能起到防磕碰的作用。

偷偷抽掉同学的椅子——碰伤

防范危险，首先要认识危险

上课起立的时候恶作剧，将同学的椅子抽掉。

课间的时候趁同学不注意，故意把椅子抽走。

前面的同学靠着后面的桌子时，故意把桌子向后仰。

同学坐着的时候，使劲拉扯同学的椅子。

防范危险，安全方法要牢记

在班级里，总有一些“淘气包”爱和同学恶作剧，趁同学不注意的时候将同学的椅子抽掉，让对方摔跟头。这些小恶作剧看起来很好笑，但是隐藏着很大危险。如果同学的头磕在椅子或桌子的棱角上，很容易造成脑部伤害，后果不堪设想。因此，同学们一定要提高自己的安全意识，不做危险的行为。

起立的时候，如果看到同学的椅子移到了一边，要提醒对方，而不要视若无睹或将他的椅子移到更远的地方。

如果发现有人准备恶作剧，大家要及时进行劝阻，以免引发不可预见的危险。

在移动自己的桌椅时，要提醒前面的人不要靠自己的桌子，并看好后面的桌椅是否安全，这样可以避免发生碰伤的意外。

为了减少碰伤的发生，大家尽量不要和同学争抢同一把椅子，以免坐空而撞到头部。

如果发现桌椅坏了，要及时告诉老师并进行更换。

老师提醒，这些小细节也会引发意外危险

★给父母的话：在日常生活中，许多人将抽椅子当作一种乐趣，无论是否出于恶意，这种行为都是不可取的。新闻中就曾报道过相关的新闻，一个孩子恶作剧抽掉同学的椅子，致使对方头部严重受创，最后被对方的家庭告上了法庭。为了减少此类事件的发生，平时父母还要注意一些生活小细节，让孩子树立正确的安全意识。

平时，父母不要和孩子开抽椅子的玩笑，以免发生危险。

让孩子学会正确坐椅子的方法，不要前后晃动椅子或者将椅子翘起，这样很容易重心不稳而摔倒。

课桌顶住了教室后门——妨碍逃生

防范危险，首先要认识危险

用课桌将教室后门顶住。

私自将后门上锁。

在后门堆放各种杂物，如笤帚、墩布等。

在后门的玻璃窗下玩耍、学习。

防范危险，安全方法要牢记

许多学校的教室都设有后门，也许有些同学会认为，后门不过就是老师偷偷查看班级情况的“小窗口”，实际上，后门是在危机关头让同学们紧急逃生的“救生门”。大家可不要小看后门的作用，要学会合理使用后门。

平时要合理摆放教室内的桌椅，将后门的位置让出来，保证后门顺畅通行。如果桌椅将后门顶住了，要和老师说明，重新布局班级座位。

下课时将后门打开，这样可以方便同学们进出，避免前门拥堵。

尽量不要在后门的地方活动，以免被开门的同学碰伤。

如果发现后门有损坏，要及时告诉老师，采取必要的维修。如果后门带有玻璃窗，要提防玻璃碎裂。

不要为了躲避老师的“突袭检查”而故意将后门上锁，以防危急时刻耽误逃生。

老师提醒，还有一些潜在危险不容忽视

★给父母的话：在学校，后门就是孩子逃生的安全之门。而在日常生活中，住宅楼道则是所有人的安全通道。因此，平日里父母要给孩子树立榜样，培养孩子的安全意识。

不要在楼道堆放杂物，应保持楼道通畅。

告诉孩子安全出口所在位置，让孩子在生活中树立安全意识。

平时不要锁楼道的门，以免危急时刻耽误逃生。

打扫卫生时爬高——摔碰

防范危险，首先要认识危险

踩着桌椅擦高处的物品。

踩着桌椅擦高处的物品时，没有同学帮忙扶着。

踩着窗台擦教学楼外侧的窗户。

将几个凳子摞起来擦高处的物品。

从高高的桌子上跳下来。

防范危险，安全方法要牢记

积极参加学校卫生劳动是值得肯定的表现，但是在劳动中，大家要学会量力而行，做自己力所能及的事情，不要勉强自己做难以办到的事，以免发生危险。那么，在参加劳动时需要注意哪些方面呢？下面，我们就为大家介绍一些安全防护法则。

在打扫卫生的时候，如果需要够到高处，可以请个子高的同学来帮忙，或者交给老师处理。不要随便踩着桌椅或窗台爬高。

在擦玻璃的时候，如果擦不到外侧的玻璃，千万不要将身子探出窗外，这样容易发生坠楼的危险。

天花板上的电灯、吊扇等物品尽量不要乱碰，如果想要清理上面的灰尘，可以请老师帮忙或者借助鸡毛掸子这种比较安全的清洁工具。大家千万不要将桌椅摞在一起爬高，更不能用湿布去擦它们，以防摔伤和触电。

如果需要踩桌椅擦一些地方，大家要请同学帮忙扶着桌椅，这样比较安全。

如果看到同学正在清理高处的物品，大家千万不要恶作剧，故意摇晃对方踩踏的桌椅，也不要在周围追赶打闹，以免发生碰撞。

不要用清洁工具互相打闹，更不能将清洁工具放在门上方恶作剧。

老师提醒，还有一些潜在危险不容忽视

★给父母的话：许多孩子十分热爱劳动，无论在学校还是在家中，父母都要善于发掘潜在的危险因素，让孩子树立安全意识，防患于未然。

在打扫卫生时，可以准备专门清理高处的工具，如擦玻璃的刷子，这样可以避免爬高。

尽量不要让孩子做一些高难度的工作，也别在孩子面前做一些危险动作，以防孩子效仿。

文具用品当玩具——扎伤、割伤

防范危险，首先要认识危险

用小刀、笔、圆规等尖锐的文具互相打闹。

用铅笔盒敲打同学的头部。

在教室里互相抛接文具或书本。

将绘画颜料、墨水等涂在皮肤上。

防范危险，安全方法要牢记

文具是我们学习时不可缺少的工具，可是你知道吗？这些小小的文具也暗藏着一些危险。如果使用方法不当，它们就会从文具摇身变成“凶器”。所以，大家一定要牢记安全方法，学会正确使用每一种文具。

平时，大家要将小刀、圆规等尖锐的文具放好，例如将小刀合上、将圆规放在独立的小盒子中。

同学借笔的时候，将笔递到对方手中，最好不要扔向对方，以免笔尖扎伤同学。同样，在传递书本时也不要抛扔，尤其是厚重的字典、带硬皮的书等，这样很容易砸伤同学。

在传递剪刀的时候，不要用剪刀的尖端对准同学，以防对方被扎伤。另外，在使用小刀的时候，不要和周围的人打闹，以免割伤自己或他人。

一些绘画颜料、墨水等对人体有害，大家不要为了好玩而将它们涂在脸上。

老师提醒，还有一些潜在危险不容忽视

★给父母的话：除了学校外，在家里，父母也要做好监护，让孩子注意一些生活小细节，从各方面减少扎伤、割伤的危险。

将厨房的刀具放在安全的地方，并提醒孩子不要随便乱动这些物品。

不要将飞镖的靶子挂在门背后，以免孩子在玩时，不小心扎到开门进来的人。

尽量给孩子购买安全的玩具，提醒孩子不要用玩具枪瞄准他人，以防发生意外。

玩实验课上的物品——“生化危机”

防范危险，首先要认识危险

乱动有腐蚀性的化学物品。

随意丢弃实验垃圾。

用嘴吹酒精灯。

一边做实验一边打闹。

私自将实验室的材料带出课堂。

防范危险，安全方法要牢记

你喜欢做实验吗？你知道做实验时需要注意哪些事项吗？实验室是一个神奇而有趣的地方，在这里，我们可以探索科学秘密，学到许多知识；然而它又是一个意外频发的地方，稍不注意就会发生一系列危险。因此，大家要牢记安全方法，正确操作每一个实验步骤。

提前熟悉每种实验器材，按照老师的指导合理使用它们。在使用一些尖锐的器材时，如镊子、玻璃片等，要注意安全，以免被割伤。

当旁边的同学在做实验的时候，不要随便触碰对方，以防发生危险。

一些实验用品有腐蚀性，如硫酸，在使用这些液体时一定要谨慎。

做完实验后，大家要将垃圾放入指定的垃圾箱，不要到处乱扔，尤

其是火柴，一定要确认熄灭再放入垃圾箱中。

在熄灭酒精灯时，大家要用正确的方法：用灯盖在火焰上盖两次，这样就能将火熄灭。千万不要用嘴吹，或者倾倒酒精灯，以防引发火灾。

老师提醒，这些小细节也会引发意外危险

★给父母的话：生活中往往也存在一些危险的用品，例如消毒液，因此父母要做好防范措施，让孩子远离生活中的“生化危机”。

使用消毒液的时候戴上安全的橡胶手套，不要直接用手接触液体，以免皮肤受伤害。

尽量不要让孩子接触万能胶，以免将皮肤粘住。父母可以为孩子选购安全的胶水、胶布。

父母要将杀虫剂放在安全的地方，别让孩子乱用，以免发生危险。在使用杀虫剂时，要将食物放入冰箱，做好隔离措施，等药味散尽后再回到屋中。

上体育课不热身——运动伤害

防范危险，首先要认识危险

不认真做热身运动。

勉强自己做一些高难度动作。

长时间剧烈运动。

跑步时和同学互相打闹。

防范危险，安全方法要牢记

体育课是一门既有趣又健身的课，通过运动，我们既可以放松身心，还能够培养兴趣爱好，可谓益处多多。不过，体育课又是意外频发的课程，如果同学们不注意运动方法，很容易发生运动伤害。那么，在体育课上需要注意哪些方面呢？下面，我们就为大家详细介绍一下。

在体育课上，按照老师的指导认真做热身运动，将身体的各部分活动开，这样可以减少运动伤害。

在跑步的时候，不要推其他同学，以免摔倒。

在玩球类运动的时候，要遵守游戏规则，不要故意向其他同学投掷球类，以免砸伤。

掌握体育器材的使用方法，不要做高难度动作，以防摔伤或拉伤肌肉。

如果感觉身体不舒服，要立刻停止运动，并告诉老师，进行必要的休息。

运动结束后，不要随便脱衣服或猛灌凉水，这样很容易引起疾病。

老师提醒，这些小细节也会引发意外危险

★给父母的话：在生活中做运动时，父母要留意一些小细节，最大限度地降低意外发生，这样才有助于孩子从运动中收获健康。

为孩子准备舒适的运动服、运动鞋，这样更有利于运动。

平时做运动时要选择合适的运动场所，不要在马路、楼道等地方做运动。

帮助孩子制定合理的运动计划，掌握好运动时间和运动量，不要过分劳累。

在观看比赛的时候，父母要和孩子待在安全的场外，不要离运动场太近，以免被运动员或运动器材撞伤、砸伤。

翻校园围墙——失足摔落

防范危险，首先要认识危险

私自翻越校园围墙。

乱爬学校大门。

从教学楼外侧爬入教室。

爬上教学楼楼顶。

防范危险，安全方法要牢记

校园围墙可以说是一道“生命线”，在线内，同学们可以收获欢乐与知识，而私自越线，大家的生命将受到威胁。新闻上就曾多次报道过，一些学生因为私自翻越校园围墙而摔伤、摔残，甚至丢掉了自己的性命。事实上，除了翻越围墙外，爬窗、爬楼等行为也是充满危险的。所以，大家要远离校园中的危险，牢记安全方法。

按照规定从学校大门进出，不要随便翻越校园围墙，以免失足摔落而发生意外。尤其不要私自翻墙溜出学校，那样会给自己、家人和学校造成许多麻烦。

如果有事需要离开学校，一定要征得老师同意，按照学校相关规定做好登记。

如果教室上锁无法进入，可以向老师借钥匙将门打开，千万不要私自爬窗，这样很危险。

不要和同学到教学楼楼顶玩耍，一旦失足坠楼，后果将不堪设想。另外，大家也不要随便爬校园里的大树，以免发生意外。

学校里常设有一些比较高的设施，如操场旁的观看台、个别攀爬型的体育器材等，大家在接触这些设施的时候一定要注意安全，不要和同学互相打闹，也不要从高处向下跳，以防失足摔落。

老师提醒，还有一些潜在危险不容忽视

★给父母的话：在家里，父母要密切关注孩子的一举一动，为孩子营造一个安全的生活环境，从细节方面做好安全防范。

尽量不要将常用的物品放在高处，如柜顶，以免孩子踩高拿取物品时摔伤。

无论家里是楼房还是平房，最好不要让孩子接近楼顶，以防发生不测。

食堂打饭你争我抢——挤伤

防范危险，首先要认识危险

在食堂打饭时互相拥挤。
在食堂里跑来跑去。
端着饭菜和同学打闹。
哪里人多就往哪里钻。

防范危险，安全方法要牢记

你的学校里有食堂吗？你在学校食堂吃过饭吗？你知道在打饭的时候要注意哪些事情吗？在这里，我们和大家聊一聊食堂“那些事”。食堂是一个让人“胃口大开”的地方，可是如果不注意安全，食堂就会变成一个“危险多多”的是非之地。那么，

在食堂我们应该怎么做呢？

打饭的时候，大家要自觉排队、文明礼让，不要和同学互相拥挤。

食堂的地板有时候比较湿滑，而且人很多，因此，大家在食堂穿梭行走时要放慢脚步，这样可以避免摔倒和撞到他人。

如果某个窗口打饭的人很多，大家可以稍等一下或者换一个窗口打饭，最好不要为了某种食物而与人争抢。

端着饭菜的时候要注意避让周围的人，吃饭时不要和同学互相打闹，也不要随便将饭菜丢在地上。

如果看到同学拿着餐具互相打闹，大家要及时劝阻，以免发生意外。如果对方不听，大家要远离他们，避免被牵连。

老师提醒，还有一些潜在危险不容忽视

★给父母的话：除了学校食堂外，人来人往的餐厅也存在潜在的危险，父母在带孩子外出就餐时，要时刻注意这些细节地方。

不要让孩子在餐厅中跑来跑去，这种行为既不礼貌，还容易撞到服务员和其他客人，给自己和他人造成麻烦。

父母要给孩子做好榜样，在一些快餐店点餐时自觉排队，不与他人拥挤。

如果餐厅人多，父母最好不要让孩子钻入人群中插队或帮忙排队，孩子的身材矮小，一旦被挤倒很容易发生踩踏事故。

动不动就打架——暴力伤害

防范危险，首先要认识危险

因为一点小事就和同学动手打架。

故意欺负同学。

纠集同伴打群架。

为了报复某人而偷偷袭击对方。

防范危险，安全方法要牢记

“打架”是一个充满暴力危险的词汇，在学校，这种现象屡见不鲜，那么同学们为什么会做出这种行为呢？其中的原因五花八门，有些甚至令人哑口无言。然而无论出于什么原因，大家都不能忽略一个严肃的事实：危险。没错，打架是一种非常危险的行为，轻则受伤，重则会危及自己和他人的生命。因此，同学们一定要牢记安全方法，不要动不动就打架。

和同学发生口角时要理智，找出冲突的根源，或者请老师帮忙调解，“冲动是魔鬼”，千万不要为了一些鸡毛蒜皮的小事而和同学大打出手。

要和同学和睦相处，不要故意欺负弱小的同学，这样不仅会让自己变成“恶霸”的角色，还会被同学记恨，不利于人际交往。

“哥们儿义气”不可取，真正的友谊不是盲目地“两肋插刀”，而是互相帮助、互相关爱、共同成长。

不要将同学反锁在偏僻或废弃的教室中，以免引发不可挽回的后果。

上学时不得私带管制刀具，更不能用这些物品来威胁同学。

如果看到同学打架，要及时告诉老师，请老师来劝阻，以防小冲突演变成大意外。另外，不要围观打架现场，以免被牵连。

如果在学校被欺负，并受到同学威胁，大家千万不要忍气吞声，这样只会助长不正之风。应该勇敢地告诉家长和老师，学会借助成人的力量保护自己。

老师提醒，这些小细节也会引发意外危险

★给父母的话：校园暴力一直是父母广为关注的话题，相信每一位父母都不希望自己的孩子受到伤害，因此父母和学校要互相配合，共同为孩子营造安全、健康的生长环境。

在家里，父母要给孩子做好榜样，不要用暴力来教育孩子，也不要让孩子接触暴力、血腥的影视剧。

平时，父母要多关心孩子的成长，多与孩子沟通，因为爱可以帮助孩子远离暴力。

和校外人员称兄道弟——交到坏朋友

防范危险，首先要认识危险

和校外人员交朋友。

仗着恶势力而在校园横行霸道。

参与校外斗殴事件。

和校外人员一起抽烟、吸毒。

防范危险，安全方法要牢记

“近朱者赤，近墨者黑”，同学们听说过这句古语吗？它形容环境对人的成长具有重要意义。在这里，我要提醒大家：小心那些站在校园外的社会青年！也许他们当中也有未成年人，但也不要轻易与他们打交道，在无法判断他们是善是恶的情况下，最安全的做法就是不靠近、不接触。

大家要自觉远离校园人员，不要出于好奇而与他们打交道，更不能故意招惹他们，以免被坏人缠上。

如果校外人员对自己纠缠不休，大家要及时告诉老师和家长，需要的话还可以报警，学会保护自己。

如果发现自己的同学和校外人员打交道，大家千万不要参与他们的活动，以免惹祸上身。

大家要学会分辨对错，可以婉言谢绝同学的“入伙邀请”，不要接受香烟、毒品等有害物品。

老师提醒，这些小细节也会引发意外危险

★给父母的话：孩子在接触什么样的人？孩子的朋友都有哪些？这些都是父母需要关心的问题。当然，我们所说的关心，是指父母与孩子像朋友一样沟通，而不是侵犯孩子的隐私，私自调查孩子的一举一动。在这里，父母要学会采取正确的方式。

乱翻孩子的私人物品，如书包、书信、日记、网络聊天记录等，都是不可取的行为，这些方式很容易伤害孩子的自尊心，引发一系列家庭矛盾。

平时，父母可以适当向孩子介绍一下“社会”，让孩子学会明辨是非。

忍受异性骚扰——校园性侵害

防范危险，首先要认识危险

和异性玩“成人游戏”。

受到性骚扰后忍气吞声。

单独和异性去偏僻的地方。

接受异性老师的各种“特殊要求”。

防范危险，安全方法要牢记

近些年来，校园性侵害事件屡见报端，无论是女同学还是男同学，都有可能成为无辜的受害者。因此，大家必须清楚地认识此类事件的危险，并学会辨识自己围在身边的黑暗阴影，掌握有效的自我保护方法。

用自然的方式和异性交往，不要轻易跨越男女界限，更不能玩危险的“成人游戏”。

如果受到异性的骚扰，大家要严肃地警告对方，并及时告诉老师和家长，借助成人的力量来保护自己。

尽量不要和异性单独去偏僻、陌生的场所，以免遭到蓄意伤害。

如果异性老师叫自己去偏僻的教室或无人的办公室，大家可以叫其他同学陪同，并将教室或办公室的门打开，以防不测。

如果受到坏老师侵犯，大家要勇敢地告诉校方和家长，并及时报警，用法律来保护自己。

老师提醒，一些恰当的方法可以降低危害

★给父母的话：孩子遭受性侵害的例子不仅出现在校园，在生活中也时有发生，许多事实表明，孩子受到性侵害很大一个原因就是不懂得辨识危害，因此父母不要抵触性方面的话题，而应该采取正确的方式让孩子了解并掌握安全方法。

当孩子有了性别意识后，选择适合孩子的性教育材料，如书籍、光盘等，和孩子一起阅读、观看，为孩子解释疑惑的地方，让孩子掌握有益的性知识。

平时，父母要提高孩子的安全意识，教育孩子在受到性骚扰时大声呼救，不要忍气吞声。如果有需要，父母还可以叫孩子掌握一些防身技巧，以帮助孩子安全脱身。

第三章

交警对你说：

出行时有些不良的小习惯，不改正会造成大灾难

过马路闯红灯——被车撞到

防范危险，首先要认识危险

过马路时不看交通信号灯。

跟着众人闯红灯。

过马路不走人行横道。

一边过马路一边追赶打闹。

在快要变灯的时候抢着过马路。

防范危险，安全方法要牢记

过马路是生活中司空见惯的事情，然而并不是所有人都懂得安全过马路。有数据显示，在我国，每年因为交通事故而意外身亡的人成千上万，仅14岁以下的儿童就超过了1.85万人，其中有将近一半的人是因为不遵守交通规则而遭遇意外的。因此，大家一定要认识交通安全的重要性，牢记安全方法。

学会看交通信号灯：红灯表示停止，绿灯表示通行，黄灯则提醒人们稍等。大家要自觉遵守信号灯、靠右行，安全过马路。

过马路的时候要走人行横道，不要随便横穿马路。如果没有人行横道，大家在过马路时要观望四周，确定没有车辆后再过马路。

如果看到有人闯红灯，大家不要跟风效仿，以防被过往的车辆撞到。另外，过马路时千万不要和同学互相打闹，这样很危险。

在拐弯的地方要提高警惕，有便道的话就走人行便道，没有便道可以靠右行，提防拐弯处的行人和车辆。

交警提醒，这些小细节也会引发意外危险

★给父母的话：交通事故是潜伏在道路上的“杀手”，严重威胁孩子的人生安全。不过，许多交通事故是可以避免的，这就需要父母留意生活中的小细节，减少意外的发生。

和孩子走在路上时拉好孩子的手，不要让孩子乱跑、倒着走，另外，尽量不要带孩子逆行。

不要为了赶时间而带孩子闯红灯，这种行为十分危险，会给自己和他人造成许多麻烦。

边走路边听歌、看书——摔倒、绊倒

防范危险，首先要认识危险

一边走路一边看书。

一边走路一边玩手机。

走路时听歌，并且将声音开得很大。

和同学在路上踢球。

防范危险，安全方法要牢记

你有没有一边走路一边做其他事情的习惯？如果有的话，那么危险正在向你靠近。英国一家保险公司做过这样一项调查，他们针对一千名习惯用手机的少年儿童进行了问卷调查，发现大约有 1/3 的人在走路时有玩手机的习惯，并且常常因此而走神。此外，这家保险公司还结合英国交通部的相关数据得出这样一个结论：由于走路玩手机而引发的儿童伤亡率呈逐年增高的趋势。这种现象并不只出现在英国，我们国家，乃至世界其他国家也普遍存在同样的问题。这也给我们敲响了警钟，希望大家都能够意识到安全的重要性。

走路的时候集中精力，不要做其他事情，例如看书、听歌、玩手机等。更不能和同学共用一副耳机听歌或互相打闹，这样会在无形中增加危险。

如果旁边的同学一边走路一边做其他事情，大家要提醒他注意安全，将手中的东西收起来，还要帮助他留意周围的交通环境。

和同学结伴上学或回家时，要时刻注意路上的安全，不要只顾着聊天。

和同学一起走路时，不要玩“盲人”游戏，尤其是在人来人往的街道上，闭着眼睛行走十分危险。

交警提醒，这些小细节也会引发意外危险

★给父母的话：走路也是一门大学问，出行路上无小事，父母千万不要忽略下面这些小细节，以免让孩子陷入危险的境地。

和孩子在街道上互相追赶或捉迷藏，毕竟街道不是做游戏的地方，稍不注意就会发生意外，即使孩子在自己的视线范围内，这种行为也是不可取的。

平时父母要给孩子树立良好的榜样，不要一边走路一边玩手机、听歌等，以免孩子效仿。

翻越安全护栏——磕碰、撞伤

防范危险，首先要认识危险

为了走捷径而翻越安全护栏。

模仿其他人的行为翻越护栏。

在公路中间的护栏处玩耍。

随意破坏安全护栏。

防范危险，安全方法要牢记

在一些城市中，宽阔的马路上常设有安全护栏，这些设施本来是保障人们出行安全的，然而却和交通事故连在了一起。这是为什么呢？因为有些人借助安全护栏做了危险的行为。没错，那就是翻越护栏。在这里，大家一定要树立正确的交通观念，认识安全护栏的真正用途，牢记安全方法，这样才能减少交通事故的发生。

横穿马路的时候，大家可以走人行横道，也可以走过街天桥或地下通道，但是千万不要随便翻越安全护栏，这样很容易被过往的车辆撞到。

不要故意将安全护栏推倒，以免造成严重交通事故。

如果身边的同学想要翻越护栏，大家一定要及时制止，千万不要出于好奇而和同学一起翻护栏。

不要将安全护栏当作跳高的工具，即使是在空旷的马路上也不能随便翻护栏，这样很容易被护栏绊倒。

交警提醒，还有一些潜在危险不容忽视

★给父母的话：除了不能随便翻越路上的安全护栏外，父母还要注意孩子的一举一动，不要让孩子翻越公园栅栏、矮墙头或其他栏杆。另外，在过街天桥和地下通道也要注意安全。

不要在过街天桥上追赶打闹，更不能随便攀爬天桥护栏，以免发生坠桥意外。

不要在地下通道的楼梯上玩耍，尽量避开拥挤的人潮，以防被撞倒而滚落楼梯。

晚上，父母最好不要带孩子走地下通道，以免遇到坏人。

在窨井旁玩耍——掉入井中

防范危险，首先要认识危险

在没有井盖的窨井旁边玩。

故意在窨井的井盖上跳。

趴在井口边向井中窥探。

从没盖的窨井上跳过去。

和同伴一起撬井盖。

防范危险，安全方法要牢记

在日常生活中，我们经常会看到路上有一些厚重的圆形井盖，这下面就是窨井。这些窨井是城市中的重要设施，一些管道、电缆等都藏在窨井中。因此，这些地方充满了危险，大家千万不能随便靠近。

走路的时候要留意路面，如果发现没有井盖的窨井，大家要自觉绕行，也可以告诉警察叔叔，及时设置危险标志，提醒过往的行人和车辆注意安全。

当工作人员在井下工作时，大家不要在旁边围观，更不能私自下井，以免发生不测。

平时不要在井盖上玩耍，以免井盖松动而掉入井中。要是不小心掉入井中，要大声呼救，向外界请求帮助。

如果发现有人偷盗井盖，大家要及时报警。

交警提醒，还有一些潜在危险不容忽视

★给父母的话：生活中还有一些像窨井一样危险的事物，父母要及时发现这些隐患，防患于未然。

一些农家院中带有水井，平时要将井盖盖好，以防孩子掉入井中。

农家里的地窖也是危险的地方，父母在每次进出地窖时，都要仔细检查地窖中的情况，确认里面没有人后再将地窖封起来。

带孩子外出时，最好不要靠近土坑、水渠等地方，以免发生意外。

在汽车周围做游戏——意外碾轧

防范危险，首先要认识危险

在汽车周围和小朋友做游戏。

在停车场追赶打闹。

在汽车后面捉迷藏。

跟在汽车后面跑。

防范危险，安全方法要牢记

在生活中，汽车是一种再常见不过的交通工具。我们知道行驶中的汽车有一定的危险性，那么你知道静止的汽车也存在安全隐患吗？在常见的汽车事故中，有不少例子就是发生在静止的汽车上的。下面，大家就一起来看看这种潜在的危险，并掌握必要的安全方法吧！

和小朋友做游戏的时候，大家要选择安全的场所，避开那些停在一边的汽车，以免车中有人，突然启动汽车时发生碰撞。

停车场虽然宽阔，但是大家最好不要在里面追赶打闹，以免被突然出现的汽车撞到。

如果看到汽车准备启动，大家自觉远离，不要站在汽车旁边，更不能追赶汽车，以免被汽车碰倒。

过年时，不要在汽车周围燃放烟花爆竹，一旦火花或者爆竹掉在车上，很容易引燃汽车，严重的话还会发生爆炸。

如果玩球时，不小心将球滚到汽车旁，要确认车内没有人、汽车是静止的，再靠近捡球。如果正好汽车启动，大家可以挥手示意司机停车，安全地将球捡回来。千万不要为了捡球而突然冲到汽车附近。

交警提醒，这些小细节也会引发意外危险

★给父母的话：在生活中，有关儿童被碾轧的新闻时有发生。因此，父母要注意下面这些小细节，为孩子营造安全的生活环境。

准备开车门的时候先通过汽车倒车镜或窗户看一下汽车周围的情况，确定没有人再开门。

不要将孩子单独留在汽车旁边，以免发生意外。

看到有汽车出现，要提醒孩子避让。

在机动车道步行、骑车——车祸

防范危险，首先要认识危险

在机动车道上行走、跑步。

到机动车道上骑自行车。

和同伴一起在机动车道上追赶打闹。

见到汽车不避让，故意和汽车抢道。

防范危险，安全方法要牢记

在许多城市中，宽阔的马路一般会分为机动车道和非机动车道。平时，行人和自行车都从非机动车道通行，和速度较快的机动车区别开来。如果大家擅自跨越界限，和汽车抢占机动车道，那么很容易发生车祸。因此，大家要提高警惕，自觉远离危险。

如果是步行，大家可以走人行便道或者靠右行走，最好不要和行人车辆逆行，也不要随便走机动车道。

骑自行车的时候速度不要太快，以免撞伤行人。如果非机动车道人很多，大家可以推着车子行走，或者稍等一下再通过，不要轻易上机动车道，以免被飞驰的汽车撞伤。

如果身边的同学要走机动车道，大家要及时制止，千万不要出于好

玩而和他一起上机动车道。

如果只有一条大路，大家在步行和骑车时要自觉靠右行，不要在马路中央和汽车抢道，以免遭遇车祸。

交警提醒，还有一些潜在危险不容忽视

★给父母的话：在生活中，还有一些十分危险的场所。父母要提前看到这些地方潜藏的隐患，提高孩子的安全意识。

高架桥。不要让孩子步行或骑自行车上高架桥，以免被飞驰的车辆撞伤。

高速公路。父母开车带孩子在高速公路上行驶时，不要突然停车，也不要让孩子在高速公路上玩耍，以免引发交通事故。如果居住在高速路附近，父母要提醒孩子不要随便翻越隔离栏，到高速公路上玩耍。

追车、扒车——拖行、碾轧

防范危险，首先要认识危险

跟在行驶中的拖拉机后扒车。

骑着自行车猛追汽车。

扒在汽车后面骑自行车。

跟在公共汽车旁边奔跑。

防范危险，安全方法要牢记

无论是步行还是骑自行车，跟在行驶中的机动车后追车、扒车都是非常危险的行为。一旦机动车突然加速或停车，很容易发生拖行、碾轧等意外事故。轻则擦伤、碰伤，重则还会把性命丢掉。因此，大家要牢记安全方法，坚决杜绝追车、扒车的行为。

在搭乘公共汽车时，如果车辆已经启动，大家就耐心等候其他车辆，不要跟在汽车旁边奔跑，以免被汽车挂倒，发生碾轧事故。

当公共汽车车门即将关闭时，不要强行扒门，这样不仅会夹伤双手，还容易发生拖拽事故。

即使拖拉机、汽车等机动车辆行驶速度很慢，大家也不要随便追车、扒车，这样很容易发生危险。

骑自行车时不要为了省劲儿而抓住汽车的车尾，也不要故意和汽车比速度，以防速度太快而与其他车辆相撞。

交警提醒，这些小细节也会引发意外危险

★给父母的话：除了追车、扒车外，父母带孩子出行时还要注意一些细节，防范其中的安全隐患。

拦车。带孩子搭乘出租车时，要在安全的站点招手示意汽车停车，千万不能突然冲上马路，用身体拦截汽车。

下车。在下车的时候，一定要等汽车停稳后，并确认后面没有车辆时再下车，切忌汽车还在行驶中就突然打开车门下车。

把头、手伸出车窗——意外刮蹭

防范危险，首先要认识危险

乘汽车的时候将头、手伸出窗外。
向车窗外丢东西。
随便打开汽车天窗，将身体探出车顶。
在公共汽车上互相打闹。

防范危险，安全方法要牢记

你会乘坐汽车吗？也许你会觉得这个问题有些莫名其妙：乘车是多么简单的事情，大家都会吧！看起来确实是这么一回事，但是大家千万不要小看乘车，这里面蕴藏着很大的学问，只有牢记安全方法，才能保证自己不受伤害。

乘坐私家车的时候要系上安全带，小朋友最好不要坐副驾驶座，而应该坐在后面安全的位置上。

在乘坐公共汽车时，要安稳地坐在座位上，如果没有空座，要抓好扶手，不要和同伴在车上打闹。

无论乘坐什么样的汽车，大家都不能随便将头、手等身体部位伸出窗外，尤其是在经过高大的树木、隧道时，那样很容易撞伤。

如果有垃圾，可以将垃圾投入车上的垃圾桶，或者等下车后丢入路边的垃圾箱。千万不要向窗外乱扔东西，这样很容易引发交通事故。

要是车窗外环境很糟糕，大家不要随便打开车窗。

交警提醒，这些小细节也会引发意外危险

★给父母的话：无论是驾驶私家车，还是乘坐公共汽车，父母还要从小细节入手，为孩子营造安全的乘车环境，减少意外事故的发生。

如果孩子年龄较小，可以在私家车内安装儿童安全座椅。

在驾驶汽车的时候，父母不要接打电话、抽烟、疲劳驾驶或者做其他事情，以免发生交通事故。

平时，父母不要在车上放易碎易爆品，也不要携带危险品乘公共汽车。

尽量不要在私家车的前挡风玻璃处悬挂累赘的饰品，或者在车后方的玻璃处摆放太多玩偶，这些物品很容易干扰前后方的视线，对驾驶员有不利因素。

到车祸现场凑热闹——二次伤害

防范危险，首先要认识危险

到车祸现场凑热闹。

私自触碰车祸现场的物品。

随便靠近燃烧的汽车。

只顾看车祸现场，不注意自己周围的环境。

防范危险，安全方法要牢记

车祸是一件非常可怕的事情，而车祸现场往往也潜藏许多危险。大家千万不要以为围观车祸现场是一件很刺激的事，稍不注意，车祸现场还会引发一系列伤人事件，造成严重的二次伤害。因此，大家要提高安全意识，主动远离危险。

路上遇到车祸现场，大家要按照交警指挥，自觉绕行，远离事故现场。不要进行围观，这样容易阻塞交通，还容易遭遇车祸现场的二次伤害。

不要私自进入警戒线，这样不仅会破坏现场，给警察办案带来麻烦，还很容易遇到突发事件。

如果在路上发现两辆汽车即将相撞，或者看到车辆自燃，要大声提醒路人，并及时避开危险。

在工作人员清理事故现场时，大家不要去拾捡车祸留下的残骸，以免被割伤、划伤。

交警提醒，这些小细节也会引发意外危险

★给父母的话：孩子们常常对许多事存在好奇心，平时，父母要留意孩子的举动，并注意自己的行为，避免孩子因为好奇心而将自己陷入危险的境地。

平时，父母不要带孩子凑热闹，这样会给孩子造成错误的暗示，让孩子养成凑热闹的坏习惯。

遇到车祸现场时，父母要迅速带孩子离开，并适当为孩子解释车祸现场潜在的危害，满足孩子的好奇心，这样有助于打消孩子围观的念头。

在遇到货车倾倒、物品散落道路时，父母切不可为了贪小便宜而去拾捡掉落的物品，这种行为不仅会给孩子带来不好的影响，还会为他人带来麻烦，并且会妨碍警察办案。

遭遇车祸不会自救——错失生机

防范危险，首先要认识危险

在汽车刹车失灵时强行跳车。

在倾倒的车厢内乱走动。

可以逃生却依旧待在危险的车厢内。

防范危险，安全方法要牢记

车祸常常被人们称为“马路杀手”，它的危害不言而喻。然而并不是所有的车祸都会置人于死地，有时候，在危急关头也存在逃生的机会。如果大家能够掌握正确的逃生方法，那么不仅可以挽救自己的生命，还可以帮助他人获得重生的机会。下面，我们就来看看遭遇车祸时有哪些安全的逃生方法吧！

如果汽车突然冲出路面，大家要用双手牢牢抓住扶手，稳固自己的身体，等车停稳后再依次下车逃生，千万不要在车还没停稳时乱动、强行跳车或拥挤，以防汽车翻倒。

如果车辆有翻车的倾向，大家要迅速用双手护住头部，两臂紧紧夹住自己的肋骨，同时将身体蜷缩在座椅和前面的靠背之间，将身体固定好，随着汽车翻倒的方向而翻转。

车辆停止翻转后，先确定自己的身体是否受伤，如果没有大碍，环顾一下车厢内的情况，寻找可以逃生的出口。如果有通讯工具，大家要第一时间报警。

如果车门打不开，可以通过朝上的车窗和天窗逃生。在敲玻璃的时候，可以借助车内的破窗锤，要是没有破窗锤，可以敲打玻璃的边角，那里比较脆弱。同时要注意避开碎玻璃的伤害。

从打碎的玻璃窗口逃生时，可以用衣服将窗口残留的碎渣清理干净，这样可以避免在爬行过程中划伤身体。

从车厢内逃出来后，要第一时间远离车祸现场，以免汽车发生爆炸，造成二次伤害。在伤势较轻、有机会逃生的情况下，大家一定要抓紧时间自救，千万不要待在原地，那样随时会发生危险。

交警提醒，一些恰当的方法可以降低危害

★给父母的话：在车祸发生的时候，父母还可以采取一些必要的措施，将危害降到最低。

如果发现汽车突然冒烟或起火，父母要立即熄火，让孩子迅速离开车辆，然后用灭火器对准冒烟或起火的地方猛喷。如果在3分钟之内火苗依然灭不掉，则要迅速远离车辆。

如果发现撞车是无法避免的事情，父母要尽可能向较软的障碍物冲去，例如能选择篱笆就不选择墙壁，这样可以减少冲击力。

如果车辆落入水中，要迅速启动门窗升降系统，通常情况下，刚落水时蓄电池还可以工作，让水进入车厢内，以便保持车内外的水压平衡。等车内全部充满水，与车外水压平衡时，再打开门逃生。

上地铁时互相拥挤——跌下站台

防范危险，首先要认识危险

在站台边追赶打闹。

站在站台的边缘。

上下地铁时和众人拥挤。

在车门即将关上的时候突然冲出或冲进车厢。

防范危险，安全方法要牢记

在许多现代化的大城市，地铁逐渐成为一种常见的交通工具。我们在享受地铁便捷的服务时，还要警惕那些徘徊在地铁周围的隐患。那么，你知道如何安全乘坐地铁吗？快来记一记下面这些安全方法吧！

在地铁站候车的时

候，大家要自觉站在安全线后面，不要在站台边缘探头张望，以免跌下站台或被进站的列车刮倒。

如果不小心将物品掉在了站台下，要及时告诉地铁站的工作人员，请他们帮忙处理，千万不要私自跳下站台拾捡。

上下地铁时大家要自觉排队，不要互相拥挤。在车门即将关上时不要扒门，以免发生危险。

在乘坐地铁时，大家尽量远离地铁门，尤其是人多的时候，这样可以避免在车门开启时被挤下站台。

交警提醒，一些恰当的方法可以降低危害

★给父母的话：在乘坐地铁时，有时候也会遇到突发事件，这时候，父母要采取恰当的方法来保护自己和孩子，避免造成不必要的伤害。

地铁在区间临时停车时，父母和孩子要耐心等在车中，抓好身边的扶手或栏杆，按照车厢内的广播正确行事，千万不要擅自扒门。如果是因为紧急情况而停车，父母和孩子要按照工作人员的指示打开车门，并按照秩序逃生。

地铁突然停电时，父母可以打开随身携带的照明物品，如手电、手机等。一般情况下，工作人员会将通风系统打开，大家要听从工作人员的指示。

在疏散过程中，如果遇到危险，父母要及时联系抢险队员，千万不要带着孩子在隧道内乱跑。

在铁路周围玩——火车事故

防范危险，首先要认识危险

在铁路周围做游戏。

故意将石块、塑料瓶等物品放在铁轨上。

钻过升降杆，靠近急速而过的火车。

随意攀爬临时停止的火车。

防范危险，安全方法要牢记

你见过铁路吗？铁路是一种“特殊通道”，因为它专门为火车服务，而不适合其他交通工具，更不适合人们行走。在一些城郊、乡镇，铁路从人们的日常活动场所穿行而过，没有栏杆、车站等防护，因此，这些地方的铁路也充满了危险。大家一定要提高安全意识，自觉远离伤害。

平时，大家不要出于好奇而在铁路上逗留、玩耍。因为火车的运行速度非常快，会在一瞬间对人造成致命的伤害。

在横穿铁路的时候，大家要认真检查两边是否有火车出现，如果听到火车的鸣笛，要远离铁轨，在安全地带耐心等候。如果没有发现火车，要迅速从铁轨上通过。

在火车通过时，大家要自觉站在安全的地方，不要随意走动，以免被强劲的风刮倒。有的地方设有升降杆，大家要站在升降杆外等候火车通过，即使火车还没有出现，也绝不能为了赶时间而钻过升降杆和火车抢道。

看到火车停在半路，大家不要随意扒车，以免火车突然启动。

交警提醒，这些小细节也会引发意外危险

★给父母的话：铁路是一个风险很大的地方，一些细节地方需要父母密切注意，以防患于未然。

平时，父母可以为孩子讲一些铁路知识，一方面满足孩子的好奇心，另一方面提高孩子的安全意识。

在带孩子从铁路上通过时，父母切不可随手将垃圾丢弃在铁轨上。这样不仅容易导致火车脱轨，还会引起异物飞溅，威胁过往的行人。

在火车车厢内乱走——与家人失散

防范危险，首先要认识危险

离开自己的座位，独自在火车车厢内乱走。

在火车没有启动的时候随便上下车。

跟着陌生人一同下车。

偷偷藏在车座下或躲在厕所内。

防范危险，安全方法要牢记

你坐过火车吗？你知道坐火车要注意哪些事情吗？在这里，我们就为大家介绍一些乘坐火车的安全方法，这样可以减少危险发生，让旅途变得平安而愉快。

在乘坐火车时，大家要认真查看自己的票面信息，找准车辆和座位。如果发现上错车，要及时更换车次。

在火车上时，如果想要去厕所，大家可以请爸爸妈妈陪同自己，或者记住自己的车厢号码与座位号，自己去厕所。

如果遇到麻烦，大家可以向乘务员请求帮助，不要轻易相信陌生人，更不能和陌生人中途下车。

乘坐火车时要文明，不要在车厢内追赶打闹，尤其是人多的时候，这样不仅会给他人带来麻烦，还容易发生绊倒、磕碰等意外。

在行驶途中，火车有时候会摇晃，大家在车厢内行走时可以扶着两边的座椅，以便保持身体平衡。千万不要出于好奇而将手指伸入车厢的夹缝中，以免被夹伤。

交警提醒，这些小细节也会引发意外危险

★给父母的话：对一些孩子来说，乘坐火车旅行是一件新奇、有趣的事情，火车上的许多事物很容易引起孩子的好奇心。这时，父母就要做好看护，留意一些小细节。

不要让孩子随便开启车窗，更不能将身体探出窗外。

不要将车上的垃圾随手丢出窗外，这种行为既会给孩子留下负面影响，还会为铁路埋下隐患。

如果乘车的人非常多，父母也不要将孩子和行李从窗口塞入车厢或推出窗外，这种行为非常危险。

趴在轮船栏杆上——落水

防范危险，首先要认识危险

在轮船上和小朋友追赶打闹。
趴在轮船栏杆上向水中张望。
在湿滑的甲板上滑来滑去。
乱动船上的设备。

防范危险，安全方法要牢记

坐轮船出海是一件非常有趣的事情，人们不仅可以看到美丽的海景，还能体验水路与陆路的不同。不过，乘坐轮船也是一件带有风险的事情，这就需要我们牢记安全知识，以减少危险的发生。

乘坐轮船时，不要携带危险的物品，例如烟花爆竹。上下轮船时，大家要自觉排队，不要拥挤，听从工作人员指挥，等船停稳了再上下船。

在轮船航行途中，抓好船上的扶手，以免车身摇晃而摔倒。在行走时放慢脚步，千万不要追赶打闹，以免失足落水。

在观看美景时，不要和人群拥挤，更不能站在座椅上，这样很容易掉入水中或摔伤。

海上风浪较大的时候，大家最好待在船舱中，不要私自到甲板上活动，以免被风浪卷入海中。

在轮船上拍照的时候，大家最好远离栏杆，以防船身摇晃而失足跌入水中。

交警提醒，还有一些潜在危险不容忽视

★给父母的话：除了轮船，我们在日常生活中还会见到其他类型的船只，例如橡皮艇、竹筏、木船等。父母在带孩子乘坐这些船只时要注意一些潜在的危险，做好防护措施。

穿上救生衣，以防不小心落水。在使用船只前，一定要认真检查船只是否安全。

乘坐小船时合理分布每个人的位置，以保持船只平衡。

将动作放轻，不要突然起身或随意走动，以免翻船。

如果父母划船技术欠佳或不会划船，最好不要冒险带孩子乘坐，以防发生不测。可以请专业人员帮忙，这样更安全。

第四章

刑警对你说：

社会上有些小陷阱，不警惕会遇到大麻烦

轻信父母的“熟人”——拐骗

防范危险，首先要认识危险

随便跟爸爸妈妈的“同事”走。
轻易将不太熟悉的“叔叔、阿姨”带回家。
随便接受“邻居”的外出邀请。
和“老乡”进城找父母。

防范危险，安全方法要牢记

在新闻报道中，我们经常会看到儿童被拐骗的消息，而根据警方历次侦破的案件来分析，儿童被所谓的“熟人”拐骗占很大一部分。因此，我们呼吁广大小朋友，一定要提高自己的安全意

识，不要轻易相信那些所谓的父母的“熟人”。

平时，大家要牢记家人的电话号码，在遇到父母的“熟人”时，可以打电话向父母确认，这样可以防止上当受骗。

如果有父母的“同事、朋友”来学校接自己，要和老师说一声，请老师与父母取得联系。

去父母工作的地方找父母时，如果父母不在，大家可以耐心等候，或者请工作人员帮忙联系父母，最好不要独自和父母的“同事”去找父母。

对于一些只见过几面的邻居，尤其是租客，大家一定要提高警惕，不要随便跟对方走。

留守儿童要注意，不要为了找父母而独自和“老乡”进城，以防被拐骗。

刑警提醒，这些小细节也会引发意外危险

★给父母的话：孩子们天真单纯，很容易受到坏人的蛊惑，因此，父母必须从生活中的小细节入手，认真地为孩子传授安全意识，并做好安全措施。下面这些做法很容易引发意外危险，父母一定要提高警惕。

将孩子托付给熟人照看。如果可以的话，尽量让自己的家人来看护孩子，如爷爷、奶奶、外公、外婆等，不要随便拜托同事、邻居等外人，以免发生意外。

让孩子和不太熟悉的朋友去陌生的地方玩。这种做法十分危险，无论对方是否出于好意，父母最好婉言谢绝对方的邀请。如果推脱不掉，父母要陪同孩子一起去。

随便给陌生人开门——入室抢劫

防范危险，首先要认识危险

听到敲门声，不问对方是谁就开门。

随便给陌生的“工作人员”开门。

独自在家时不关大门。

防范危险，安全方法要牢记

你有过独自在家的经历吗？你害怕一个人在家吗？当家里没有大人的时候，大家一定要提高警惕，做好安全防范措施，因为门外随时会出现危险，大家需要学会自我保护。

独自在家时，大家要将房门锁好，还可以将电视声音开大，这样可以给坏人制造家中有大人在的假象，让坏人不敢轻举妄动。

如果听到有人敲门，大家可以透过门上的猫眼看看是谁，也可以大声询问对方。如果是陌生人，千万不要随便开门。

如果陌生人说自己是物业工作人员、快递或其他工作人员，可以请对方稍后再来，而不要轻易将房门打开。

如果陌生人在门外不肯离开，大家可以打电话报警或拨打小区保安的电话，并通知爸爸妈妈。

如果不小心将陌生人让进屋，大家要保持冷静，可以称父母在邻居家、地下室等地方，让对方稍等一下，自己去叫爸爸妈妈回来。如果对方不是坏人，这种做法也不失礼貌。如果感觉对方是坏人，可以向邻居求助，请邻居帮忙联系父母。

刑警提醒，还有一些潜在危险不容忽视

★给父母的话：在日常生活中，父母也要从一些小细节入手，警惕坏人入室抢劫，为孩子营造安全的生活环境。

带孩子从外面回到家准备开门时，要环顾一下周围，确认没有人尾随或埋伏后再开门。走入房门后要随后关门。

晚上睡觉前要认真检查家里的门窗是否锁好，以防窃贼偷偷潜入家中。

平时，父母尽量不要带不熟悉的人回家，以免埋下安全隐患。

总是借钱给“朋友”——勒索

防范危险，首先要认识危险

轻易把钱借给同学。

盲目地对朋友有求必应。

被勒索后忍气吞声。

防范危险，安全方法要牢记

你有零花钱吗？如果朋友向你借钱，你会怎么做？先不要急着回答这个问题。在这里，我们要提醒大家，千万不要为了彰显“友谊”而盲目、频繁地借钱给朋友，以防被坏朋友利用。

如果朋友向自己借钱，大家要问一问原因，慎重地借钱给对方，并提醒对方按时还钱。如果对方借钱的数目较大，大家可以婉言推辞，告诉对方自己没有钱。

要是朋友用钱去做不好的事情，如上网、打电子游戏等，大家最好不要将钱借给对方。

平时不要轻易向朋友透露自己有多少零花钱，以免成为坏朋友的勒索目标。

如果不幸被勒索，对方比自己强大，则不要冲动地与对方争执，先将钱交给对方，让自己安全脱身，然后及时告诉老师、家长并报案。

刑警提醒，这些小细节也会引发意外危险

★给父母的话：孩子的认知有限，而且人际交往阅历比较少，一不小心就会交到坏朋友。为了避免孩子受害，父母可以从生活中的细节入手，引导孩子的行为。

教孩子正确认识金钱，从小培养孩子的理财观念，让他学会合理用钱。

不要给孩子太多零花钱，鼓励孩子养成记账的习惯，明确每一笔钱的花销。

如果发现孩子交到了坏朋友，父母不要马上杜绝孩子与对方的来往，以免伤害孩子的感情。而要引导孩子看清对方的真面目，让孩子主动远离坏朋友。

爱慕虚荣爱炫富——绑架

防范危险，首先要认识危险

到处炫耀家里的财富。

花钱大手大脚。

因为爱慕虚荣，假装自己家很有钱。

放学后，独自走僻静的小路回家。

防范危险，安全方法要牢记

绑架是一种非常危险的犯罪行为，而未成年人则是众多绑架案的主要受害对象。一般来说，绑匪的目的是求财，因此许多富裕的家庭往往会成为绑匪的目标。在这里，我们要提醒大家，尤其是生活条件优越的孩子，一定要牢记安全方法，学会保护自己。

平时不要向同学、陌生人炫耀自己的家庭，也不要随便透露自己的家庭住址，以免成为坏人绑架的目标。

上学、放学时，可以和同学结伴而行，尽量避免单独行动，也不要独自到偏僻的地方去。如果发现有人尾随，大家可以向人多的地方走或者向警察求助。

每天出门前，都要向父母打声招呼，告诉大人自己要去哪里。

如果不幸被绑架，一定要保持冷静，尽量配合绑匪的要求，不要大哭大闹，以免绑匪撕票。在不确定自己可以逃走的情况下，最好不要轻举妄动。

如果发现绑匪是自己熟悉的人，千万不要和绑匪套近乎，要假装不认识对方，这样可以避免绑匪撕票。认真观察绑匪的体貌特征和自己所在的环境，以便在获救后向警方提供罪犯的线索。

刑警提醒，一些恰当的方法可以降低危害

★给父母的话：孩子往往是父母脆弱的防线，绑匪正是瞅准了这一缺口，而向孩子伸出魔掌。为了让孩子远离或少受伤害，父母可以采取一些恰当的防范措施，最大限度地降低危险。

在日常生活中保持朴素的生活作风，不要刻意用名牌来包装孩子，以免被坏人盯上。

如果父母与人交恶或面临经济纠纷，一定要提高警惕，最好亲自接送孩子，或让家里的其他成员接孩子。

如果接到绑匪的电话，父母要保持冷静，最好报警，并采取拖延战术，要求绑匪每隔一段时间让自己听到孩子的声音。不要迫于绑匪的威胁而“私了”，以防孩子被撕票。

吃陌生人给的东西——毒品

防范危险，首先要认识危险

随便接受陌生人给的食物。

喝陌生人给的不明液体。

出于好奇而尝试吸毒。

防范危险，安全方法要牢记

毒品是一种十分危险的物品，它不仅对人体有害，而且还会危害社会。人们一旦沾上毒品，很容易陷入犯罪的陷阱。因此，大家要珍爱生命、远离毒品，提高自我保护意识，警惕身边的坏人。

不要随便吃陌生人给的食物，大家可以婉言谢绝，或者礼貌地接受而不吃，以防陌生人将毒品夹在食物中而误食。

平时，大家不要和社会青年、沾有不

良习惯的人来往，以免被坏人带上歧途。

如果身边有人吸毒，则不要接受对方给的毒品，更不能效仿吸毒者，这种行为是非常危险的。

如果发现有人吸毒，千万不要凑热闹，要假装没看到，尽快远离吸毒者，然后找机会报警。

刑警提醒，这些小细节也会引发意外危险

★给父母的话：有些家长认为，毒品是成人世界的东西，孩子平时不会接触这种物品。这种想法是片面的，如果不注意一些小细节，孩子也会染上毒瘾。因此，父母不能忽视安全教育，要从小培养孩子的安全意识。

平时，父母要正确引导孩子待人接物，最好不要鼓励孩子随便接受他人的食物，以免孩子养成习惯，让坏人有机可乘。

向孩子普及毒品知识，让孩子学会辨别危险，提高自我安全意识。

在家里被虐待——家庭暴力

防范危险，首先要认识危险

受到父母虐待而忍气吞声。

为了报复父母而杀害父母。

因为不堪忍受家庭暴力而自杀。

防范危险，安全方法要牢记

家庭暴力是威胁儿童成长的一大“杀手”，它不仅会伤害儿童的身体，还会给儿童的心灵带来阴影，并引发诸多社会问题。全国妇联权益部曾经做过一项调查：长期受家庭暴力折磨的孩子，其自杀的几率是一般孩子的6倍，而犯罪几率更是一般孩子的74倍。因此，大家一定要提高警惕，看清家庭暴力的真面目，学会保护自己。

如果父母经常殴打或用一些过激的手段对待自己，大家要勇敢地向公安机关报警，通过法律手段来保护自己的合法权益。

如果遭到家庭成员的虐待，大家可以向亲近的人求助，请他们保护自己。

大家要学会爱护自己，不要因为害怕而做伤害自己的事情。也不要蓄意谋害施暴者，这样会让自己走上歧途。

如果父母有酗酒、赌博等恶习，一旦发现对方情绪不对劲，大家要及时远离他们，以免被无辜牵连。

刑警提醒，这些小细节也会引发意外危险

★给父母的话：家庭暴力对孩子的伤害是无法言喻的，如果爱自己的孩子，父母就要用正确的方法来教育孩子，而不能一味打骂，这样会对孩子的身心成长造成严重伤害。

转变自己的教育方式，不要用“打”来教育孩子。

如果发现孩子遭到家中某个成员的暴力对待，要仔细检查孩子的身体，并对施暴者予以警告，如果对方不听，则可以通过法律途径解决问题。

跟着“朋友”进酒吧——遇到坏人

防范危险，首先要认识危险

跟社会上的人进出酒吧。

冒充成人，私自溜进成人场所。

在成人场所和人发生冲突。

防范危险，安全方法要牢记

生活中有一些地方不适合未成年人进出，你知道这是什么地方吗？没错，就是成人场所。例如酒吧、网吧、娱乐会所等。这些都是大人的“地盘”，复杂而充满未知，有时候连成人都会遇到解决不了的事，更不用说未成年人了。因此，大家不要轻易进出成人场所，以免遇到危险。

一般正规的酒吧、网吧等都明确标明：未成年人禁止入内。如果大家看到这样的标示，要自觉远离这些场所。

生活中有些黑网吧对未成年人没有限制，大家要警惕这种场所，不要随便进出，以免掉入不法分子的陷阱。

不要出于好奇而私自进出成人场所，也不要跟所谓的“朋友”去成人场所，以免被坏人纠缠。

平时不要在成人场所门口逗留，尤其是看到成人打架斗殴时，一定要迅速远离，以免被牵连。

刑警提醒，这些小细节也会引发意外危险

★给父母的话：成人场所中常常充斥着五花八门的成人文化，对孩子的成长极为不利，因此父母要留意生活中的小细节，为孩子营造一个干净、纯真、符合他年龄的成长环境。

将家里的成人杂志、成人用品等放好，以免孩子在无意中看到。

尽量不要带孩子进出成人场所，别让孩子过早接触成人世界。

交到不良网友——上当受骗

防范危险，首先要认识危险

将自己的真实信息透露给网友。

私自和网友见面。

带网友到自己家里。

去陌生的城市找网友。

轻易相信网友，和网友早恋。

防范危险，安全方法要牢记

在科技越来越发达的现代，犯罪分子也开始向网络伸出“魔爪”。可以说，网络的虚拟性为犯罪分子做了很好的掩护，人们很难将他们分辨出来。因此，大家在使用网络的时候一定要提高警惕，牢记安全方法。

如果网友打探你的真实姓名、电话、地址等私人信息，大家最好婉言拒绝，不要将这些重要的信息告诉对方，更不能随便给对方发送自己或家人、朋友的真实照片，以免掉入坏人的陷阱。

早恋对未成年人的身心成长有一定负面影响，而网恋更是危险重重，面对虚拟的网络世界，大家一定要保持清醒，不要轻易对网友付出感情，以防上当受骗。

如果网友在网上经常说一些不文明的话，或者发送一些不良文件，大家可以将其删除或拉入黑名单，不再与这种人交往。

如果网友提出见面的要求，最好不要轻易答应。要是想见面，最好让好朋友或家人陪同，选择白天见面，并挑选自己熟悉的地方。

和网友见面之前，大家可以先躲在一边查看网友的一举一动，如果发现对方品性不好，就不要和他见面。

如果发现网友有不良行为，就要找机会脱身并报警，千万不要随便吃网友给的食物，以免被对方下迷药。

刑警提醒，一些恰当的方法可以降低危害

★给父母的话：为了防止孩子在网上遇到坏人，父母可以采取一些恰当的方法来提高孩子的安全意识。

让孩子正确认识网络聊天，告诉孩子哪些事情可以做、哪些事情不能做。

如果孩子遇到了问题，父母要及时帮助孩子分析其中的利弊，让孩子学会做判断。

沉迷网络游戏——误入歧途

防范危险，首先要认识危险

通宵玩网络游戏。

私自到黑网吧玩游戏。

为了能够上网而抢劫他人钱财。

逃学去玩网络游戏。

防范危险，安全方法要牢记

你喜欢玩网络游戏吗？有人说：网络游戏就像毒品，容易让人成瘾，绝对不能碰，其实这种说法是片面的。网络游戏有许多类型，如益智休闲型、对战型、角色扮演型等，有些游戏具有开发智力的作用，对未成年人的成长有促进作用。但万事万物都有两面性，无论什么类型的游戏，一旦过分沉迷，就会对我们的成长产生负面影响。因此，大家在玩网络游戏时一定要牢记安全方法。

将网络游戏当作一种放松身心的方式，在完成每天的功课后适当玩一会儿。

选择适合自己的网络游戏，不要玩充满暴力、色情的游戏。

不要和同学一起去黑网吧玩游戏，更不能为了上网而去抢劫他人的财物，这种行为极具危险性，会让人走上犯罪道路。

如果在网络游戏中遇到现金交易的要求，大家要提高警惕，以防上当受骗。

刑警提醒，一些恰当的方法可以降低危害

★给父母的话：一般来说，游戏对许多孩子有强大的吸引力，由于孩子的自制力有限，很容易成为游戏的“俘虏”，因此父母需要运用恰当的方法，防范孩子沉迷网络游戏。

父母要抽时间多陪伴孩子，培养孩子广泛的兴趣爱好，用其他事物转移孩子的注意力，这样可以让孩子自觉远离网络游戏。

父母要为孩子树立良好的榜样，不迷恋网络游戏，以防孩子效仿。

帮助孩子选择健康有益的网络游戏，最好不要让孩子接触暴力、色情游戏。

最好不要用强制手段阻止孩子玩网络游戏，以免适得其反，让孩子产生逆反心理。

接受网上的不良信息——危害身心

防范危险，首先要认识危险

登录暴力、色情网站。

接收网友发送的不良信息。

向朋友散播不良信息。

防范危险，安全方法要牢记

网络就像一个容量巨大的信息库，充斥着许多良莠不齐的信息，大家在浏览网页时要擦亮眼睛，学会分辨哪些内容有益、哪些内容有害。在这里，我们就为大家介绍一些安全方法，让大家能够安全、健康的上网。

有些不良信息十分容易分辨，大家在看到网页上弹出一些垃圾广告、不良图片时，可以将它们关掉，自觉抵制这些不良信息。

不要随便点击或接收不明的网站、文件，这样很容易感染网络病毒，掉入不良信息的陷阱中。

不要出于好奇而观看暴力、血腥的视频或其他类型的信息，这些不良信息会对身心成长造成巨大危害。

如果发现不良的网站或传播不良信息的人，大家可以向公安机关举报。

刑警提醒，一些恰当的方法可以降低危害

★给父母的话：网络世界深不可测，为了避免孩子陷入不良信息的包围中，父母可以通过下面这些方法来降低网络的负面影响。

在电脑上安装防护软件，自动过滤一些不良网站，为孩子营造一个健康的网络环境。

引导孩子分辨网络上的信息，提高孩子的判断能力。

和孩子一起上网，辅助孩子搜索一些健康、有益的网站，让孩子学会利用网上的学习资源。

第五章

医生对你说：

行为习惯有些小毛病，不克服会变成大病痛

爱吃路边小摊——拉肚子

防范危险，首先要认识危险

经常在脏乱的小摊上吃东西。
一边骑车子一边吃羊肉串。
购买不符合食品安全的小零食。
杂七杂八的东西乱吃一气。

防范危险，安全方法要牢记

你喜欢吃路边的小吃吗？如果你经常吃，那可要注意了，这些食物存在很大的安全隐患。许多路边小摊卫生不合格，吃了以后会影响人体健康。而且有些小食品除了卫生不合格外，还带有尖锐的小玩意儿，很容易划伤身体，甚至被误食。因此，大家一定要掌握安全方法，远离身边的危害。

如果想吃小吃，大家可以选择干净卫生的餐馆。最好少吃或不吃路边小摊，也不要随便将许多小吃混合在一起吃，以防食物中毒。

在购买零食的时候，大家一定要认真查看食品信息，如果发现没有生产日期、质量合格证、生产厂名等重要信息，说明这是不合格的产品，最好不要购买。

有些食物带有木签、铁签等尖锐物品，大家在吃这些食物的时候要避开人群，不要和同学一边追赶一边吃，更不能一边骑车一边吃，以免被扎伤。

在吃带有小玩具、干燥剂等物品的零食时要注意，先将小玩具、干燥剂等取出来，以免误食。

在吃过路边摊后如果感觉身体不舒服，要及时告诉爸爸妈妈，到医院就诊。

医生提醒，一些恰当的方法可以降低危害

★给父母的话：路边摊之所以吸引孩子，与它丰富的种类、特别的风味有很大关系。为了避免孩子在食用这些东西后危害健康，父母可以通过下面这些方法来吸引孩子的注意力。

自己动手在家做一些美味的小吃，这样可以保证食品卫生，让孩子主动远离路边摊。

为孩子选购符合食品安全的零食。

带孩子外出就餐时，父母要挑选干净卫生的餐厅，以保证家人的健康。

混吃各种食物——食物中毒

防范危险，首先要认识危险

将不熟悉的食物搭配在一起吃。

吃发芽的土豆。

吃半生不熟的豆角。

瓜果不洗干净就吃。

防范危险，安全方法要牢记

你知道吗？有些食物虽然美味，但是不能混在一起吃，一旦食物发生冲突，就会造成食物中毒，严重的话还会危及我们的生命。因此，吃东西也是一门学问，大家一定要牢记安全方法，这样才能吃对食物、吃出健康。

遇到不熟悉的食物时，可以问一问大人能不能混吃，得到明确答复后再决定是否吃。千万不要随便搭配食用，以防食物中毒。

有些蔬菜在发芽后会产生毒素，例如土豆，吃了以后会导致食物中毒，因此大家不要随便吃发芽的食物。另外，发霉的蔬果也是不能乱吃的。

将食物做熟后再吃，这样不仅能更好地品尝食物的美味，而且还能保证饮食安全。没有做熟的蔬菜、肉类、海鲜等最好别乱吃。

一些蔬果上往往残留化学药剂，大家在食用之前一定要清洗干净。

医生提醒，还有一些潜在危险不容忽视

★给父母的话：在日常生活中，父母还要密切注意孩子对食物的反应，将潜在的危险一一排除，让食物成为孩子的营养来源，而不是毒源。

父母要留意孩子是否对某种食物过敏，一旦孩子出现不良症状，要立刻去医院就诊。

如果没有确切的把握，最好不要在家中随便酿制药酒、果酒等饮品，以免孩子误饮而中毒。

经常暴饮暴食——消化不良

防范危险，首先要认识危险

一看到好吃的就吃个不停。

在炎热的天气吃好多冷饮。

狂吃自助餐。

三餐不规律，要么不吃饭，要么一顿吃好多。

晚上睡觉前吃特别饱。

防范危险，安全方法要牢记

先请大家回答一个问题：看到自己最喜欢的食物，你会不会一次吃很多呢？如果你的答案是肯定的话，那么你可能要面临消化不良了。要知道，暴饮暴食是一种非常不好的饮食习惯，长此以往，会给我们的身体带来伤害。有科学研究表示，长期暴饮暴食还会加重消化系统神经的负担，影响智力发育。所以，大家在吃东西的时候一定要掌握好量，不要暴饮暴食。

每天定时、定量进餐，不要刻意节食，也不要一次吃太多，这样很容易引起肠胃疾病。

过节或者参加宴会时要控制好自己的食欲，不要猛吃，以免引起消化不良。

甜食、冷饮等食物最好不要一次吃太多，以防身体不适。

吃完饭后不要立刻洗澡、睡觉、做运动等，这样也会引起消化不良，长此以往会给身体埋下健康隐患。

如果不小心吃太多，感觉肠胃不适，要及时告诉爸爸妈妈，不严重的话可以吃一些消化药，如果很严重则要及时去医院就诊。

医生提醒，这些小细节也会引发意外危险

★给父母的话：孩子爱吃饭是好事，但凡事都有度，如果孩子总是暴饮暴食，那么父母就要提高警惕了。生活中有一些小细节，如果处理不好很容易影响孩子的健康。

父母在烹饪食物时要合理使用调味品，不要为了刻意追求色、香、味而放太多调料，以免给孩子的健康埋下隐患。

如果孩子已经吃饱了，就不要再鼓动孩子继续吃。

吃鱼不认真挑刺——被鱼刺卡住

防范危险，首先要认识危险

吃鱼不认真挑刺。

一边吃鱼一边看电视。

鱼刺卡到嗓子，用咽馒头、吞米饭、喝醋等偏方来解决问题。

偷偷将鱼刺放入别人碗中恶作剧。

用手抠嗓子，让鱼刺呕吐出来。

防范危险，安全方法要牢记

你喜欢吃鱼吗？鱼肉是一种富含丰富营养的食物，但是许多鱼肉有刺，这让人们在吃鱼时多了不少麻烦。那么，如何才能安全地吃到美味的鱼肉呢？下面，我们就为大家介绍一些安全方法。

吃鱼的时候要集中精力，将肉里的小刺挑出来，然后把肉放入嘴中，用舌头品一品，确定没有鱼刺了再吞入腹中。

如果担心自己挑不干净鱼刺，可以请爸爸妈妈帮忙。千万不要随便将带刺的鱼肉放入嘴中，以防被鱼刺卡到。

如果不小心被鱼刺卡住了，一定要及时告诉爸爸妈妈，去医院就诊。千万不要随便吞咽馒头、饭团、喝醋或抠嗓子等，这些方法不科学，会加重伤害。

医生提醒，还有一些潜在危险不容忽视

★给父母的话：除了鱼刺，有些带骨头、硬壳的食物也会引起嗓子被卡的危险。因此，父母要留意生活中潜在的危险，降低食物中存在的风险。

在吃带骨头的肉类食物时，父母要留意肉中的小骨头，及时将这些骨头挑出来，以防孩子被卡到。

一些水产品带壳，在食用时，父母要提醒孩子将壳剥干净，以防硬壳卡到嗓子。

一些坚果类的食物也需要剥壳，尤其是瓜子，如果磕不干净，瓜子皮也会卡到嗓子。

乘交通工具前吃太多——恶心、呕吐

防范危险，首先要认识危险

在乘汽车、飞机、轮船等交通工具前吃太多食物。

有晕车、晕机、晕船的习惯，却吃太多油腻的食物、喝大量碳酸饮料。

在摇晃的车、船上看书、玩电子游戏等。

防范危险，安全方法要牢记

你有没有晕车、晕机、晕船的习惯？有些人出现这些状况是出于生理方面的原因，如受不了汽油味的刺激、不适应交通工具的颠簸等，而有些人出现这些状况则是由于饮食、行为不当引起的。下面，我们就为大家介绍一些防治恶心、呕吐的方法，帮助大家减少晕车、晕机、晕船的状况。

在乘车、飞机、船等交通工具前不要暴饮暴食，尤其是油腻的食物和碳酸饮料，这些食物容易引起恶心。但是也不要空腹乘交通工具，大家可以适当吃一些清淡、易消化的食物，如水果、面包等。

如果有晕车的习惯，可以准备一些晕车药。在乘车时，选择坐在前排通风好的座位上，这样可以减轻颠簸，起到缓解晕车的作用。

为了防止晕车，大家可以用听歌、聊天等方式来转移注意力。但是不要看书、玩手机等，这样会加重晕车。

感觉头晕的时候，大家可以在太阳穴抹一点风油精，这样能起到提神醒脑、缓解恶心的作用。

医生提醒，一些恰当的方法可以降低危害

★给父母的话：在长途旅行时，人们难免会乘坐汽车、飞机、船等交通工具，如果孩子有晕车、晕机、晕船的现象，那么旅途就会损失许多趣味。为了减少这些状况，父母可以采取一些恰当的预防措施。

在旅行前一天，让孩子保证充足的睡眠。

如果是自驾游，尽量选择平坦的道路，减少颠簸。另外，不要频繁地急刹车。

吃药不看说明书——药物中毒

防范危险，首先要认识危险

不看说明书就乱吃药。

把药片当糖豆吃。

没有病也乱吃药。

过量服用药物。

防范危险，安全方法要牢记

生病的时候，药物可以帮助我们消除病痛。但是你知道吗？如果服用不当，药物就会成为致命的毒药。因此，大家一定要提高警惕，牢记下面这些安全知识。

生病的时候，及时告诉爸爸妈妈，请他们帮忙挑选正确的药物。如果发现药物过期了，要及时处理掉。

服用药物之前，要认真查看说明书，按照说明书规定的剂量和次数来服药。如果是医生开具的药物，大家要按照医生的嘱托来服药。

有些药物外表看起来很像，在不确定是什么药的情况下，大家千万不要随便吃，以免引起药物中毒。

如果身体没有大碍，通过日常饮食就能改善身体状况，那么大家最好不吃药，这样可以防止对药物产生依赖。

医生提醒，这些小细节也会引发意外危险

★给父母的话：日常生活中还有一些小细节需要父母多加注意，这些地方也会引起药物中毒。

平时，父母要将药物放在孩子不容易拿到的地方，以免孩子误食。

不要将不同的药物混合在一起，也不要用其他药瓶装各种各样的药，以免混淆。

不要给孩子乱吃补药、保健品，在烹饪食物时，也不要随便放中药材，以防引起药物中毒。

随便玩注射器——扎伤、感染病毒

防范危险，首先要认识危险

捡废弃的注射器玩。

用注射器扎自己或其他人。

将废弃的输液器当作玩具。

用输液瓶或药瓶喝水。

防范危险，安全方法要牢记

医用注射器、输液器等都是非常危险的物品，它们不仅有尖锐的针头，容易扎伤身体，还带有病菌，让人感染病毒。因此，大家可不要将这些一次性用品当作玩具，以防发生危险。

平时，大家不要随便乱动注射器，如果是没用过的注射器，要给它套上针头帽，这样可以避免被扎伤。

用过的一次性注射器携带病菌，就算清洗过后也不能完全将病菌消除，所以大家不要出于好奇而用这些注射器玩打针游戏。

用过的输液瓶、药瓶等都带有细菌，大家不要随便用这些容器装饮用水，以免喝了以后感染病毒。

不要将注射器和输液器的针头当作飞镖乱扔，以防扎伤他人。要是发现有人玩注射器，大家最好不要靠近，以免被扎伤。

如果不小心被扎伤，大家要及时告诉爸爸妈妈，到医院进行检查。

医生提醒，还有一些潜在危险不容忽视

★给父母的话：在家中，还有一些十分尖锐的物品不适合孩子玩，父母要注意这些潜在的危险，为孩子排除生活中的隐患。

图钉、大头针、绣花针、锥子等尖锐的物品，平时父母要将这些物品放好，以防孩子因好奇而拿来玩。

家里的工具箱中往往放有钉子、铁丝等尖锐物，父母在使用这些物品时最好避开孩子。

接触传染病人——感染疾病

防范危险，首先要认识危险

私自去探望得了传染病的同学。

得了传染病依旧去上学。

和传染病人共用日常物品。

乱逛医院里的病房。

防范危险，安全方法要牢记

传染病和普通疾病最大的一个区别就是，它能通过飞沫、血液、空气、食物、水等途径传播，在很短的时间内让许多人感染疾病。因此，传染病的危害非常大。要想避开传染病，遏止传染病的蔓延，大家就要掌握一定的安全防护法，并进行积极治疗。

如果好朋友得了传染病，大家可以通过打电话的方式慰问对方，但不要和对方面对面接触，以免被感染。

不要随便触碰传染病患者的物品，以防上面带有病菌。

如果自己得了传染病，一定要及时接受治疗，等病好了再去上学。另外，自己用过的物品要消毒。

在流行病高发的季节，大家要做好日常保健，养成良好的生活习惯，这样可以减少疾病发生。

去医院探望病人时，大家要根据医护人员的指示进行全身杀毒、穿戴防护衣、口罩等物品。此外，不要随便到陌生的病房乱逛。

医生提醒，这些小细节也会引发意外危险

★给父母的话：传染病的传播途径非常多，因此父母要注意生活中的一些细节，为孩子营造一个健康的环境。

如果家里有条件的话，尽量为每个人准备一套日常用品，这样可以避免交叉感染。

平时要注意家庭卫生，在晴好天气多开窗通风。

在购买肉类食物时，父母一定要选择符合安全标准的，不要图便宜而选择来历不明的肉类，以防其中夹带病毒。

喜欢挖鼻孔——流鼻血

防范危险，首先要认识危险

感觉鼻孔不舒服，用手指乱挖。

使劲揉搓鼻子。

用小木棍、小勺等物品挖鼻孔。

往鼻孔里塞纸团或其他小东西。

防范危险，安全方法要牢记

乱挖鼻孔是一种不好的习惯，这种做法不仅不文明，而且容易引起一系列问题。鼻腔内富含脆弱的毛细血管，乱挖鼻孔很容易伤害鼻腔，引起鼻出血、鼻炎等伤病。一旦鼻子受伤感染，严重的话还会引发颅内感染，危及生命。因此，大家一定要牢记安全方法，保护好自己的鼻子。

在清理鼻腔卫生时，大家可以用干净的水清洗，不要随便用手挖鼻孔，以免引起鼻出血。

在干燥的天气里要多喝水，这样可以预防鼻腔干燥，减少鼻子的不适。

做游戏的时候不要故意揪鼻子，也不要随便击打他人的鼻子，这样很容易造成鼻子红肿、挫伤等伤害。

不要在鼻腔内塞小珠子、小纸团等异物，这样很容易堵塞鼻腔。如果鼻子不小心被堵住，不要用手抠，要及时告诉父母，去医院就诊。

擤鼻涕的时候不要太用力，也不要用纸使劲儿擦鼻子，以免给鼻子造成伤害。

医生提醒，一些恰当的方法可以降低危害

★给父母的话：如果孩子流鼻血，父母要采取正确的方法来止血。

孩子流鼻血的时候，让孩子头部保持正常直立或稍向前倾，然后用手指按压出血鼻孔一侧的鼻翼。一般来说，按压 5～10 分钟就可以起到止血的作用。

用冷毛巾敷在孩子的鼻翼上，可以促进血管收缩，起到一定的止血功效。

千万不要让孩子向后仰头，这样很容易导致血液回流，呛入食道。另外，也不要用不干净的纸或棉团来填充鼻孔，以防感染细菌。

做危险的游戏——身体伤害

防范危险，首先要认识危险

玩“恐怖游戏”，例如死亡催眠、沸腾可乐等。

使劲儿拉拽单杠上的同学。

踩拧紧瓶盖的空塑料瓶。

防范危险，安全方法要牢记

在日常生活中，你常常和小朋友们玩什么游戏呢？无论是什么游戏，有一点大家一定要牢记：学会自我保护。有一项调查数据显示，在我国，每年发生意伤害的 0 ～ 14 岁儿童大约有 45% 是在做游戏的时候受伤的。因此，大家要注意防范娱乐活动中的危险，这样才会玩得开心、玩得平安。

游戏的种类非常多，大家最好挑选安全性强的游戏，并遵守游戏规则。

一些流行的“恐怖游戏”十分危险，如沸腾可乐，它是在薄荷糖与可乐剧烈反应的基础上衍生出来的游戏，轻者出现胃胀、呕吐现象，重者会导致胃贲门（连接食道和胃的地方）撕裂，危及生命。所以，千万不要玩这种所谓的练胆量的“恐怖游戏”。

当其他人在玩游戏或做运动的时候，大家不要恶作剧，以免给对方造成伤害。

如果看到有人在玩危险的游戏，大家要及时劝阻，以防发生危险。

医生提醒，还有一些潜在危险不容忽视

★给父母的话：在日常生活中，父母和孩子也会玩一些娱乐游戏，有时候尽管孩子玩得很开心，但父母的一些行为具有潜在的危险，如果不注意的话，很容易给孩子造成伤害。

将孩子放在被子上悠荡或抛起。这种游戏很刺激，但是很容易将孩子摔在地上。

用床单将孩子的头蒙起来。这样很容易导致孩子窒息，非常危险。

使劲儿提拉孩子的胳膊或脖子，将孩子拽离地面。这种做法容易导致孩子脱臼和窒息，父母最好不要和孩子玩这种游戏。

没热身就下水游泳——腿抽筋

防范危险，首先要认识危险

游泳之前不做热身运动。

为了显示自己的胆量，玩不熟悉的跳水运动。

突然将同伴推入水中或拉入水下。

防范危险，安全方法要牢记

你会游泳吗？游泳是一项有益身心的运动，但是如果游泳方式不对很容易出现腿抽筋的现象，进而导致溺水危险。那么，游泳时要注意哪些事项呢？下面，我们就为大家介绍一些游泳安全方法。

在下水之前认真做热身运动，让身体变暖，这样可以预防腿抽筋。

在游泳之前先试一下水，如果感觉水比较冷，可以先坐在岸边，将腿放入水中，等身体适应了水的温度，再开始游泳，这样可以避免腿抽筋。

游泳时，大家要选择适合自己的儿童区，尽量不要到成人区，那里水比较深，容易发生危险。

如果游泳技巧还不熟练，可以使用游泳圈、漂浮板等安全工具，一定要听从教练的指导，不要做危险的动作。

如果游泳时出现腿抽筋，大家不要惊慌，大声向周围的人呼救。如果周围没有人，大家要学会自救：深呼吸一口气潜入水中，将抽筋的腿伸直，用双手抓紧脚尖，用力向上拉。一旦恢复了正常，要立刻上岸休息。

医生提醒，这些小细节也会引发意外危险

★给父母的话：在游泳时，还有一些小细节需要父母注意，如果不在意，很容易引发意外危险。

不要让孩子在游泳馆内追赶打闹，以免滑倒而跌入水中。

在户外游泳池游泳时，父母一定要看好孩子，以免人多发生危险。

夏天总是吹空调——空调病

防范危险，首先要认识危险

长时间在空调屋中待着。

将空调温度调到很低。

近距离对着空调猛吹。

防范危险，安全方法要牢记

在炎热的夏天，待在凉爽的空调房内可以说是一件非常惬意的事情。但是，大家一定要小心，如果不注意的话，很容易被“空调病”缠上身。这是什么病呢？现代医学又将它称为“空调综合症”，特指因吹空调引起的感冒、头晕、皮肤过敏等症状。因此，大家要掌握安全方法，合理使用空调这种现代化工具。

掌握好吹空调的时间，即使天气炎热，也不要一直开着空调，以防着凉。

一般来说，将空调温度调整在 27 度或 28 度为宜，最好不要为了一时凉爽而将温度调太低。

关闭空调后，要定时打开窗户通风，让新鲜空气进入室内，不要长期紧闭门窗。

从空调房出来后，先在阴凉的地方稍微活动一下，让身体慢慢适应外面的温度，然后再到阳光下活动，这样可以起到预防感冒的作用。

满身大汗时不要立刻吹空调，最好等身上的汗消退后再进入空调房，这样可以预防感冒。

医生提醒，这些小细节也会引发意外危险

★给父母的话：在日常生活中，父母要从一些细节地方入手，为孩子营造一个舒适而安全的凉爽环境。

不要在室内抽烟。空调房中一般紧闭门窗，抽烟会让孩子受到“二手烟”的伤害，容易引发呼吸道疾病。

要定期清理空调中的灰尘，这样可以预防皮肤病。

晚上睡觉的时候，最好不要通宵开空调，可以为孩子设定一个合适的时间，以防着凉。

雾霾天气做运动——呼吸困难

防范危险，首先要认识危险

雾霾天气长时间在户外活动。

在雾霾天气做剧烈运动。

雾霾天气在马路上互相打闹。

防范危险，安全方法要牢记

雾霾是一种非常糟糕的天气现象，不仅影响自然环境，还会给人们的健康带来许多危害。空气中的二氧化硫、氮氧化物、烟尘等有害物质被吸入人体后，很容易引发一系列呼吸道疾病，如果长期受雾霾影响，还会引发癌症。因此，在雾霾天气，大家要学会保护自己。

在雾霾天气，大家最好待在室内，关好门窗，如果想开窗通风，最好在太阳升起来、雾霾散去之后。

如果需要外出，最好戴上防尘口罩，这样能够起到保护呼吸道的作用。

从户外回到室内，要及时清洗鼻腔和裸露在外面的皮肤，将附着在身上的有害物质清除，保持个人卫生。

如果有体育课、运动会等户外活动，大家最好向老师说明情况，不要在雾霾天气参加户外剧烈运动，以免引起疾病。

医生提醒，还有一些潜在危险不容忽视

★给父母的话：雾霾天气不仅影响身体健康，还容易导致一系列交通事故，因此父母还要注意一些潜在的危险，防患于未然。

在雾霾天气，父母可以为孩子准备一些颜色鲜亮的衣服，这样可以让孩子变得醒目，能起到防止碰撞的作用。

开车或骑车带孩子外出时，尽量放慢速度，遵守交通规则。

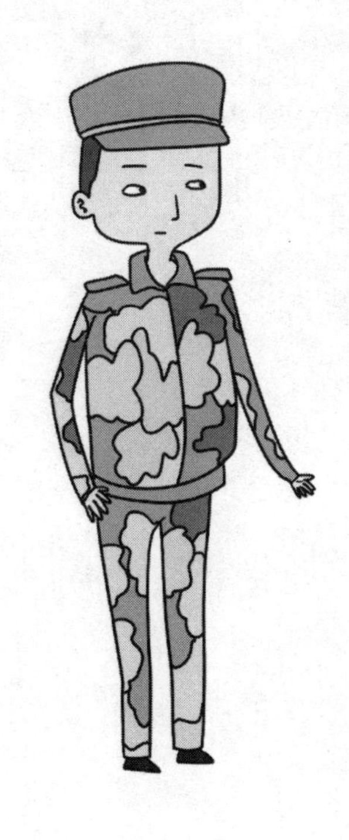

第六章

救援者对你说：

人祸天灾中的小隐患，防范意识差带来更大伤亡

在河湖中游泳——溺水

防范危险，首先要认识危险

在小河、湖泊、沟渠、水库中游泳。

不会游泳却私自下水。

在没有大人监督的情况下钓鱼。

在湿滑的河、湖岸边、井边玩耍。

防范危险，安全方法要牢记

每次放暑假前，父母、老师会反复向我们强调：不能到河、湖等危险水域游泳！可是，总有一些“淘气包”“好奇鬼”“大胆王”们要向生命发起挑战，最后丢失了美好的年华。有数据显示，每年因为溺水而身亡的儿童数量高达2.8万；在意外伤害中丢失生命的儿童，每10个人中大约有6个人因为溺水身亡。大家想一想自己班级里有多少人，这些触目惊心的数据相当于多少个班级？请大家记住：生命没有如果，提高自己的安全意识、掌握安全方法至关重要。

天气再热也不去小河、湖泊等危险的水域游泳，尤其是农村留守儿童，一定要克制自己的欲望，自觉远离危险。

不要在水域附近玩耍，以免失足落水。如果不小心跌入水中，要大声呼救，并抓紧身边牢固的事物，让自己浮在水面上。

如果有人溺水，要及时拨打急救电话，并做好急救措施。要先清除溺水者口、鼻中的杂物，然后将溺水者的腹部搭在自己腿上或肩膀上，把肺部的水“倒”出来。另外，还要根据情况做人工呼吸。

救援者提醒，这些小细节也会引发同样的危险

★给父母的话：通常情况下，孩子在溺水2分钟后，会处于无意识状态。一旦溺水时间超过4分钟，孩子的生命将会错过最佳挽救时机，遭遇无法逆反的伤害。所以，请注意生活中的细节，防患于未然。

不要带孩子去河湖中游泳，以免发生危险。

别让孩子在水盆、浴缸中玩闭气游戏，以免窒息。

在高压电附近玩——电击身亡

防范危险，首先要认识危险

在高压电附近玩。

爬上高压电箱，取挂在上面的东西。

不看警示牌，爬高压塔、电网等设施。

随便摸触电的人。

防范危险，安全方法要牢记

从名字上我们就可以看出，高压电是一种危险的电源！它的杀伤力非常之大，甚至能够一击致命。日常生活中，高压线、高压电箱等都是高压电“出没”的地方。大家要提高警惕，千万不能随便接触这些危险的“家伙”。

自觉远离高压电设施，不要出于好奇而靠近、窥探或触摸，以免发生触电危险。

如果看到半空中悬挂着断开的电线，大家要自觉绕行，远离危险。

当电力工人在抢修电力设备时，大家不要围观，以免给工作人员带来麻烦或遭遇突发事件。

有些特殊地方设有高压塔、电网等，大家一定要注意警示牌，不要随便靠近这些危险的地方。

如果身边的人触电了，要赶快报警并拨打急救电话。千万不要用手去拉他，而要用木棍、拐杖等不导电的东西将触电者身上的电源挑开。

救援者提醒，这些小细节也会引发意外危险

★给父母的话：在生活中，有些小细节也容易引发触电危险，父母要多加注意，提高孩子的安全意识。

如果发现自己家附近的高压电设备老化，要及时通知有关部门进行维修，以防孩子触电。

不要在电线上晒衣物，这样很容易触电。

在湖面上滑冰——掉入冰窟

防范危险，首先要认识危险

在结冰的湖面上滑冰。

在冰面上凿洞玩水。

在结冰的河湖上蹦跳、玩耍。

防范危险，安全方法要牢记

结冰的湖面、河面看起来很好玩，实际上却隐藏着巨大的危险。尤其是那些冰层较薄的湖面、河面，承受重量的能力十分有限，很容易裂开，发生落水危险。除非是在一些特别寒冷的地方，我们能确定冰层足够厚，才可以在冰面上行走。否则，大家不要轻易到结冰的湖面、河面上玩耍。

无论冰层薄厚，它本身就存在一定的危险，大家最好不要在上面行走或玩耍，以免滑倒或掉入冰窟窿。

如果想要滑冰，大家可以去溜冰场，在父母或教练的指导下安全溜冰。

不要在冰面上随便凿洞，以免冰层断裂而掉入水中。

如果冰面有断裂的迹象，大家不要随便乱跑，将动作放缓，趴在冰面上，并大声呼救。如果周围没有人，要慢慢向安全的地方爬行。

救援者提醒，还有一些潜在危险不容忽视

★给父母的话：在寒冷的季节，除了结冰的湖面、河面外，生活中还有一些与冰有关的危险，父母要善于发掘这些潜在的隐患，防患于未然。

有时候路面也会结冰，这时父母最好给孩子准备防滑鞋，以减少滑倒的风险。

不要让孩子在带有冰柱的建筑物下玩耍，以防冰柱掉落扎伤孩子。

在寒冷的户外，不要让孩子舔金属、玻璃上的冰凌花等物品，这样很容易将舌头粘住。

在寒冷的天气里，父母不要随手将水泼在地面上，以防地面结冰将人滑倒。

在悬崖边玩耍——坠崖

防范危险，首先要认识危险

登山的时候互相打闹。

站在悬崖边向下张望。

从背后推站在悬崖边上的人。

乱爬海边的礁石。

防范危险，安全方法要牢记

你见过陡峭的悬崖吗？在山区、海岸、河岸等地方，悬崖是一种比较常见的地理风貌。有的悬崖高万仞、深不可测；有的悬崖只是一块硕大的礁石、一眼就能望到底。然而无论是什么样的悬崖，都存在一定的风险。因此，大家在接触悬崖时要提高警惕。

登山的时候要全神贯注，每一步都要走好、走稳，不要在山上追赶打闹或东张西望，以防绊倒而摔落山崖。

在欣赏风景的时候，大家要远离悬崖，站在安全的地方欣赏。不要出于好奇而向悬崖下张望，更不能在崖边推搡他人，以免坠崖。

河边的土崖通常比较湿滑、疏松，大家千万不要在河岸边和土崖下玩耍，一旦土崖坍塌，后果不堪设想。

在海边玩耍的时候，不要随便攀爬礁石，尤其是海浪很大的时候，以免被汹涌的海浪击伤或卷入海中。

救援者提醒，这些小细节也会引发意外危险

★给父母的话：许多父母带孩子旅游时会游览名山大川，为了保证旅途安全，父母就要注意一些小细节。

在旅游之前，详细查阅目的地的信息，并在游览途中留意医院、救助站等地方，以防不时之需。

不要带孩子私自离开大路，走一些不熟悉的山路，这样很容易迷路，并遇到其他危险。

在野外点篝火——失火

防范危险，首先要认识危险

随便在草地上点火。

野营结束后没有将火熄灭。

在帐篷内玩打火机。

随便燃烧路边的树叶堆。

防范危险，安全方法要牢记

在日常生活中，火是人们最为常见的事物之一。它能帮助我们取暖、照光、烹饪食物等，为我们的生活带了许多方便。然而，一旦火“发威”，它就会摇身变成“杀人魔”，吞噬周遭的一切物品，甚至包括生命。尤其是山火，杀伤力非常大，造成的社会危害难以形容。据调查，引起山火的一个主要原因就是人为疏忽。因此，大家千万不要忽略了火的危险。

在野营的时候，不要随便点篝火。如果想煮东西，最好让爸爸妈妈来弄，在裸露的地面上做一个小小的火堆，并在野餐结束后将火彻底熄灭。

不要将没熄灭的火柴随手丢在树丛间，以免引燃枝叶，进而引发山火。

如果看到有同学随便点路边的枯叶堆或垃圾堆，大家要及时劝阻，尤其是大风天气，火星很容易被吹到其他地方，有引发火灾的危险。

如果发现山林起火，大家要及时报警，并远离现场，千万不要随便进入危险区。

救援者提醒，这些小细节也会引发意外危险

★给父母的话：在生活中，父母还要从一些小细节入手警惕火灾，为孩子树立一个良好的榜样。

旅游时，父母要遵守山林的规定，不要携带烟火，更不能偷偷抽烟。

在特别的节日祭奠先人时，要在正规的场所进行祭奠，而不要随便在路边烧纸。

在雪山中大喊——雪崩

防范危险，首先要认识危险

在雪山中大声喊叫。

在深不可测的雪堆中行走。

在积雪的山崖下玩耍。

防范危险，安全方法要牢记

在一些滑雪场、雪山等积雪地区，雪崩是一种十分可怕的自然灾害。当雪崩发生时，汹涌的雪流会倾泻而下，瞬间吞没沿途的一切。尽管这种场面看起来非常壮美，但是其危害不可估量。有时候，雪崩还会引发山体滑坡、山崩等灾害，冲毁交通、住房等设施，造成巨大的社会危害。一旦人被雪崩掩埋，如果超过了 15 分钟还没得到营救，那么很可能会有生命危险。因此，大家在积雪地区一定要学会自我保护。

在雪山中行走时要轻声细语，因为巨大的声响很容易引起雪崩。

滑雪时不要独自行动，要跟在爸爸妈妈身边，并听从教练的指挥。

遭遇雪崩时，大家要及时自救。抓紧时间向上坡的两侧或高处跑，避开汹涌而下的雪流。千万不要顺着雪流的方向向山下跑，这样会被急速倾泻的雪流埋住。

如果雪崩不太大，而且来不及避开雪流，大家要抓住身边一切可以抓住的坚固物体，如树木、岩石等，深呼吸一口气，闭上眼睛和嘴巴，以减少气流冲击，等雪流过后再逃生。

如果被雪流冲击而下，大家要屏气，同时手脚并用，像游泳一样向雪流上层和边缘滑动，尽量减少压在身上的雪量，这样逃生机会更大。

当雪流速度逐渐减慢时，大家一定要积极地向雪面逃生，努力将手伸出雪面，这个时候时间就是生命，一旦几分钟后雪块变硬，再逃生就很难了。

救援者提醒，这些小细节也会引发意外危险

★给父母的话：父母在带孩子滑雪或者去积雪山区旅游时，一定要做好各方面的防护，以减少危险发生。

向孩子传授必要的雪地知识，提高孩子的安全意识。

提前规划好路线，不要带孩子临时改线，到陌生的雪域。

不要在下雪、融雪、温度升高等时期带孩子滑雪或爬雪山，以防遭遇雪崩。

无视海滩警示牌——遭遇危险生物

防范危险，首先要认识危险

对海边的警示牌视若无睹。

私自翻越海边防护栏，到海边玩耍。

随便触摸海滩上的不明生物。

防范危险，安全方法要牢记

你去过海边吗？阳光、沙滩、海风、海浪……许多美景共同构成了一幅美丽的海边画卷。但是，在欣赏美景的时候，千万不要忽视了一个重要的细节——海滩警示牌。有些海域常常会出现危险的海生物，例如会蜇人的水母（海蜇），如果不注意，人们很容易受到伤害。因此，大家一定要掌握安全方法，自觉远离海边的危险。

去海边的时候要仔细环顾四周，如果发现警示牌，最好不要私自到海边玩耍。

如果在海边发现了不明的生物，大家要及时通知海边管理员，将生物清理走。千万不要出于好奇而去触碰，以免发生危险。例如水母，它看起来就像一团白色的塑料袋，随便触摸很容易被蜇伤。

一些危险的海域有时还会设置安全防护网，大家千万不要故意破坏、攀爬这些安全设施，以免发生意外危险。

如果不小心被水母蜇伤或者被螃蟹夹伤，大家要及时告诉父母，采取必要的急救措施。

救援者提醒，还有一些潜在危险不容忽视

★给父母的话：除了要防范危险生物外，海边还有一些潜在的危险，父母要留意这些细节，以便保证孩子安全。

最好给孩子准备舒适的沙滩鞋，以防孩子在行走时被贝壳、石块等坚硬物扎伤。

父母最好陪同孩子一起追逐海浪，这样可以避免孩子被海浪击倒或卷走。

如果海风很大，最好不要带孩子下海。

在道路上蹚水玩——陷入窨井

防范危险，首先要认识危险

下大雨时到户外玩耍。

在积水的马路上蹚水玩。

出于好奇而靠近积水马路中的漩涡。

蹚水横穿马路。

防范危险，安全方法要牢记

骤降的暴雨常常会给人们的生活带来许多危险，由于降水量太大，排水口排水不畅，很容易造成道路积水，与此同时，危险指数也就增加了。看到马路变成“汪洋大海”，大家可不要逞英雄而冒然下水，要知道，浑浊的积水中潜藏着许多“陷阱”，一不小心就会让人受伤。因此，别和危险开玩笑，否则它会让大家欲哭无泪。

下大雨时，大家最好待在室内，如果放学后遇到暴雨，大家可以待在学校避雨，耐心等家人来接，或者等雨停后再回家。

如果道路被积水淹没，大家要走地势较高的安全便道，不要随便蹚水，以免被水中的杂物绊倒、扎伤。

大家要警惕路上的漩涡，那里往往是窨井所在地，千万不要随便靠近，要是掉入窨井，后果将不堪设想。

在路上遇到暴雨时，如果离家比较近，大家可以迅速跑回家；如果无法回家，可以到街边的店铺、超市等地方避雨。

救援者提醒，这些小细节也会引发意外危险

★给父母的话：道路积水有许多潜在的危害，父母还要注意一些小细节，确保孩子平安无事。

遭遇道路积水时，父母最好不要驾车从地道桥下通过，那里地势低，积水更深，容易发生不测。

在暴雨天气里，尽量不要骑车带孩子蹚水，以免发生意外。

在马路上玩雪——滑倒、被撞

防范危险，首先要认识危险

在马路上打雪仗、堆雪人。

在马路上滑雪。

在雪地上打滚儿。

直挺挺地摔在或趴在雪地上。

防范危险，安全方法要牢记

下雪是一件非常有趣的事，大家可以堆雪人、打雪仗，玩一些平时玩不了的游戏。但是大家在享受雪的乐趣时还要提高警惕，小心雪中潜藏的一些危险。只有将这些危险一一排除，大家才能玩得更开心。

堆雪人、打雪仗时，大家要挑选平坦、比较空旷、人少的地方，不要在人来人往的路上玩游戏，以免和行人车辆发生碰撞。

上下学的时候，大家要注意安全，不要互相追赶打闹，以免滑倒、撞倒。

路面积雪被踩实后会变得光滑，大家可以穿上防滑的鞋子，这样能减少滑倒的风险。另外，雪天气温比较低，大家要注意防寒保暖。

大雪天外出时，大家最好步行。如果要骑车子，则要放慢速度、全神贯注地前进，可以将车胎放掉一些气，这样能起到一定的防滑作用。

救援者提醒，这些小细节也会引发意外危险

★给父母的话：雪天给孩子们带来许多乐趣，但是有些小细节很容易被孩子忽略，因此，父母要做好监护。

提醒孩子，在打雪仗时不要在雪球中夹带坚硬的物品，如石块、冰块等，以免砸伤其他人。

孩子玩雪回家后，父母要及时为孩子更换身上的衣物，以防雪水融化后浸湿衣物，引起风寒。

在商店招牌下避风——砸伤

防范危险，首先要认识危险

刮大风时，站在商店招牌下避风。

刮大风时不关门窗。

倒退着顶风前行。

防范危险，安全方法要牢记

风是一种十分常见的自然现象，气象学家根据风速，通常将风划分为十二个等级。一般来说，四级以下的风常给人带来舒适的感觉，而级数越大，风的破坏力就会越高，危险也会逐渐增加。因此，在大风天气里，大家一定要掌握安全方法。

在刮大风的时候，大家最好待在室内，将门窗关好。

在路上行走时，大家最好绕开商店招牌、广告牌、灯箱、电线杆等地方，以防大风将这些设施刮倒而引发危险。

如果发现树木有被吹折的危险，要及时离开，不要在树下避风，以免被树枝砸伤。

在大风天气出行时，要注意交通安全，不要只顾着低头前行，也尽量别玩手机，以免被撞倒。

如果发现空中浮着不明物体，大家要及时避开，不要出于好奇而追赶。

救援者提醒，这些小细节也会引发意外危险

★给父母的话：除了防范一些常见的大风天气外，父母还要提防一些灾难性的天气，如台风，为孩子营造一个安全的生活环境。

住在沿海地区的人，要密切关注天气预报，在台风来临之前积极做好防御措施。

海上风浪非常大的时候，父母不要带孩子出海，以免发生不测。

开车出门时，父母要集中精力，并将车窗关好，注意行车安全。

在大树下躲避雷雨——雷击

防范危险，首先要认识危险

打雷下雨时在树下避雨。
雷雨天气站在高处。
雷雨天气照常看电视。

防范危险，安全方法要牢记

你害怕打雷吗？隆隆的雷声不仅在声势上吓人，而且很容易引发一系列危险。雷电可以瞬间产生高压，直接损毁用电设备，造成严重的经济损失，甚至还会威胁人们的生命安全。不得不说，雷雨天是一种十分糟糕的天气。那么，在这种恶劣的天气里我们应该如何保护自己呢？这就需要大家掌握一些安全方法。

打雷下雨时，大家最好待在室内，关好门窗并切断电源，这样可以起到预防雷击的作用。

如果在户外遇到雷雨天气，大家可以到安全的建筑物里避雨，例如超市、商场等地方，千万不要在树下、电线杆旁边避雨，这样很容易遭到雷击。

在雷雨天气，大家最好不要打手机，以免引发雷击。

高处或空旷的地方往往是雷击频发的地方，大家千万不要在雷雨天气站在高处玩耍，也尽量不要在空旷的原野上行走，以防被雷电击中。

如果需要外出，大家要带好雨具，尽量不要骑自行车，这样行动会更加不变，容易发生交通事故。

救援者提醒，这些小细节也会引发意外危险

★给父母的话：雷雨天气往往暗藏一些危险，父母要注意生活中的小细节，做好防范措施。

购买雨伞的时候，父母最好选择带塑料把手和顶端不突出的雨伞，尽量别买带金属尖顶的伞，以减少雷击风险。

雷雨天能见度低，开车出行时，父母要注意集中精力，注意交通安全。

洪水时打捞物品——卷入洪流

防范危险，首先要认识危险

围观洪灾现场。

站在岸上捞取洪流中的漂浮物。

随便跳入洪水中游泳逃生。

防范危险，安全方法要牢记

一般来说，持续性的强降雨、大范围冰川急速消融、风暴潮等都会引发洪水，这是一种危害性非常大的自然灾害，它不仅会吞噬周围的一切，还会传播瘟疫，引发严重的社会恐慌。尽管如此，我们还是可以通过一些安全方法来降低洪水的危害。

发生洪水时，大家不要惊慌，跟着家人迅速向高处转移，例如房顶、山坡等地。千万不要随便攀爬电线杆，以免触电。

如果有通讯工具，大家要第一时间联系当地政府，耐心等待救援者。不要随便打捞水中的财物，更不能轻易下水游泳逃生。

如果逃生时间充裕，大家可以携带一些必需品，如手电筒、防寒防雨的衣物、食物等，物品尽量精简。

在等待救援时要保存体力，可以将颜色鲜亮的物品放在高处当信号，如果是在晚上，则可以借助声音、光线等吸引救援者。

如果不小心被卷入洪流，要尽可能抓住水中的大型漂浮物或周围的固体物，如木板、树木等，寻找机会逃生。

救援者提醒，一些恰当的方法可以降低危害

★给父母的话：为了减少洪水灾害，父母还可以采取一些恰当的方法，以保证家人平安、健康。

积极做好防御措施，尤其是生活在江边、沿海、雪山附近等地方的居民，要在洪水频发季采取必要的预防措施。

在洪灾避难区生活时，父母要注意周遭的环境，不要让孩子随便喝脏水，以防感染细菌。

地震从高层跳窗逃生——跳楼身亡

防范危险，首先要认识危险

地震时从高层的楼房窗户向外跳。

地震时乘电梯逃生。

地震时在建筑物密集的地方乱跑。

防范危险，安全方法要牢记

大家还记得汶川地震、玉树地震、雅安地震吗？这些都是近年来我国发生的大地震，也许有人经历过恐怖的地震，也许有些人只是在电视上看到过地震的报道，然而无论是谁，都应该掌握安全的地震逃生方式。尽管人类在大自然面前是渺小的，但是充满希望的生命是伟大的。

地震发生时，如果有机会跑到室外，大家一定要有秩序地迅速撤离。

如果在室内来不及逃出去，可以将枕头、棉被、书包等物品顶在头上，迅速躲入洗手间的角落或实体墙的角落。

如果住在一楼，大家可以尝试从窗户逃生。如果居住在楼上，则要从安全的楼梯逃生，切不可跳窗或乘电梯，以免发生坠楼、电梯坠落等危险。

如果地震时大家在户外，要避开周围的树木、建筑物、广告牌、电线杆等，向开阔的广场、草地逃生。

地震过后，大家要及时与家人或救援者取得联系，不要在危险地带乱走。

救援者提醒，这些小细节也会引发意外危险

★给父母的话：在地震过后，父母一定要注意一些小细节，以防其他事故发生。

检查一下家里的水、电、气等设施是否完好，如果发现漏气、漏电等现象，要及时关闭管道阀门或总电闸，并迅速离开家。

震后听从救援人员的安排，不要私自带孩子回家拿东西，以免发生意外危险。

蒙塑料袋躲避沙尘暴——窒息

防范危险，首先要认识危险

将塑料袋套在头上防风沙。
将衣服盖在头上。
用丝巾缠绕面部。

防范危险，安全方法要牢记

沙尘暴是一种非常危险的自然灾害，它不仅风势强劲，而且裹挟大量沙尘，常常引发一系列危害，如影响交通、引起呼吸道疾病等。因此，在沙尘暴天气里，大家要掌握必要的安全方法，以降低沙尘暴带来的危害。

在沙尘暴天气里，大家最好待在室内，并把门窗关好，以防沙尘入室。

如果需要外出，大家要提前做好防护措施，戴上帽子、口罩、护目镜等物品，这样可以起到防尘作用。

在户外时，千万不要将塑料袋、衣服、纱巾等物品套在头上，这样不仅妨碍视线，而且很容易引起窒息。

回到家中后，要将身上的沙土清理干净，并清洗口鼻和其他露在外面的皮肤。

如果沙尘不小心刮入眼中，大家不要用手使劲揉搓，可以用清水轻轻冲洗眼睛，或者请爸爸妈妈帮忙查看。

救援者提醒，还有一些潜在危险不容忽视

★给父母的话：沙尘暴天气里潜藏许多危险，父母要注意一些细节，以减少孩子身边的风险。

沙尘暴天气能见度低，父母可以给孩子准备颜色鲜亮的衣服，这样能起到一定的安全提醒作用。

沙尘天气比较干燥，要注意让孩子补水，以预防呼吸道疾病。

大雨后到河谷洼地玩——泥石流

防范危险，首先要认识危险

大雨过后到河谷洼地玩。

私自到危险的山区玩耍。

离开爸爸妈妈单独行动。

防范危险，安全方法要牢记

你认识泥石流吗？这是一种破坏力极强的自然灾害，多发生在山区或其他地形险峻的地方，常常由暴雨或暴雪冲刷山体而形成，雨水裹挟大量泥沙、石块等杂物，像河流一样倾泻而下，瞬间就会吞食途经的一切事物，非常恐怖。不仅如此，泥石流过后，淤泥还会阻塞河道、交通等，引发其他危险。那么，我们该如何防范、应对泥石流呢？下面，我们就教大家一些安全方法。

和家人或集体到山区旅游、踏青时，大家要听从安排，不要单独行动，也不要在刚下过雨时去河谷洼地，以免遇到泥石流。

如果遇到泥石流，大家要迅速向山谷的两侧高地逃生，切忌向山谷下奔跑，泥石流流速很快，这样很容易被卷入泥流中。

如果来不及逃，大家可以迅速抓住身边的牢固物体，如大树，以防被卷入泥流。

泥石流还容易引起山体滑坡，大家在逃生时要注意避开山上掉落的岩石，可以用衣服护住头部。

救援者提醒，还有一些潜在危险不容忽视

★给父母的话：大雨后室外潜藏着许多危险，父母要注意一些细节，以减少对孩子的伤害。

准备去山区旅游时，父母要先了解当地的天气、地理环境等方面的信息。如果有需要的话，可以聘请当地的导游。

如果自己的家位于灾区，父母千万不要在泥石流刚停止时就回家中，以防泥石流再次发生。

不会辨识灾难预兆——海啸

防范危险，首先要认识危险

对海面的巨浪置之不理。

海水异常褪去后，在海滩上拾捡鱼虾。

留在海滩上看热闹。

防范危险，安全方法要牢记

如果要评选危害最大的自然灾害，那么海啸绝对是候选者之一。它是一种恐怖的破坏性海浪，往往由海地地震、火山爆发等引起，巨浪的高度可达数十米，而且一波接一波，所到之处立刻化为汪洋泽国。尽管海啸十分恐怖，但是它在来临之前是有预兆的。因此，防范海啸的最好办法，就是学会辨识预兆，提前撤离危险地带。

如果发现海水出现异常退潮现象，以前看不到的海底露了出来，这就是在告诉大家，海啸即将到来。

异常的潮汐还会将许多鱼虾留在海岸上，这时大家千万不要凑热闹去拾捡鱼虾，而应该迅速撤离海岸。

如果发现海平线出现巨浪，这说明海啸正在奔涌而来，大家一定要抓紧时间逃离危险的海域，千万不要留在岸边观看“奇景”。

海啸会瞬间淹没房屋、树木，因此大家要向高处的陆地撤离，不要在地势低的地方逗留。

如果不小心落水，大家要迅速抓住身边的固体物或漂浮物，找机会上岸逃生。还要留意水中的其他物品，以免被碰伤。

救援者提醒，这些小细节也会引发意外危险

★给父母的话：在海啸过后，父母还要留意一些小细节，以确保家人安全。下面这些做法都是不可取的，一定要注意。

用海水解渴。海水含有大量盐分和细菌，不仅起不到解渴的作用，还会伤害身体。

驾驶简易船只返回灾区。这样很容易遇到危险，而且还会给救援者带来许多麻烦。

第七章

心理专家对你说：

内心世界的小阴暗，消极面对会导致身心重创

学习差达不到父母的期望——自杀

防范危险，首先要认识危险

因为分数低而过分责备自己。

难过时自残。

因为一点小事而自杀。

防范危险，安全方法要牢记

如果考试没有达到理想分数，你会不会觉得难过？这时你会怎么做呢？哭泣？不理人？自我反省？无论采取什么方式应对这种状态，有一种行为是绝对不能做的，那就是自杀。国外有研究表示，在导致儿童死亡的事件中，自杀仅次于意外事故。而在我国，儿童自杀也是一个十分严峻的现象，其中促使儿童走向死亡的主要原因之一就是学习压力大，所占比例在45%左右。考试失败了可以重新再来，而我们的生命只有一次，自杀不仅解决不了问题，还会给家人徒增悲伤。因此，大家要学会正确面对学习成绩，用安全的方法来排解学习压力。

如果考试不理想，大家可以认真分析试卷，找出失败的原因，为自己加油打气，继续努力。不要过分沉浸于悲伤中，这样不仅不会提高成绩，还容易引发心理问题。

给自己制定合理的学习计划和目标，不要超出自己的能力范围，以免给自己增添不必要的压力。

如果感觉学习压力大，可以向朋友、老师或家长说明，这样有助于排遣压力。

如果发现同学表现异常，有自杀的倾向，大家一定要及时告诉老师，请老师多加注意。

心理专家提醒，这些小细节也会引发意外危险

★给父母的话：孩子学习压力大，有时候与父母的教育方式有关。因此，父母要注意自己的言行，为孩子营造健康的心理成长环境。

不要过分看重分数，也不要随便对孩子说敏感、偏激的话，如“去死”“白活了”等，以免刺激孩子的情绪，给孩子造成心理阴影。

不要剥夺孩子娱乐的时间，为孩子选择学习班时最好征得他的同意，以防学习压力大对孩子造成心理疾病。

感觉自己不如他人——抑郁症

防范危险，首先要认识危险

过分自卑而不参与集体活动。

长期沉浸在忧伤的情绪中，悲观厌世。

总是为一点小事而闷闷不乐。

防范危险，安全方法要牢记

你知道抑郁症吗？这可不是什么“美丽的忧伤”，而是一种危害性极大的心理疾病。大家可不要小瞧这种症状，有研究表明，青少年患抑郁症的几率在 4% ～ 10% 之间，而这数据仍在增加。如果对这种消极症状置之不理，人们的生活将会变得暗淡无光，严重的话还会产生自杀的念头，做出伤害自己的事情。那么，我们应该如何防治抑郁症呢？大家不妨记住下面这些方法。

大家要选择正确的方法来排解心理压力，听歌、看书、谈话、做运动等方式都是抒发不良情绪的好方法。

学会正确看待自己，发现自己身上的优点，给自己积极的心理暗示，这样有助于纠正自卑心理。

给自己树立一个榜样，学习对方身上的优点，这种方式可以起到增

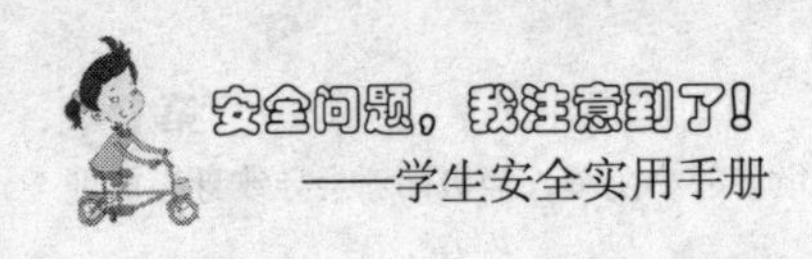

加自信心的作用。

如果患有严重的抑郁症，大家要积极配合心理治疗和药物治疗。

心理专家提醒，还有一些潜在危险不容忽视

★给父母的话：导致不良情绪的原因有很多，平时，父母要经常和孩子沟通，为孩子营造有益身心的成长环境。

不要当着孩子的面吵架，因为家庭不和睦很容易给孩子造成心灵伤害。

不要总是拿孩子和其他人作比较，这样容易加重孩子的自卑心理。

经常被同学欺负——报复

防范危险，首先要认识危险

用刀具胁迫同学。

纠集校外人员报复同学。

在同学的饮用水中放有害的物质。

防范危险，安全方法要牢记

如果你在学校受到同学欺负，你会怎么办呢？相信不少人都会产生报复心理，这时，大家就要提高警惕了，如果不对这种消极的心理状态加以控制，那么人们很容易做出不理智的行为。可以说，报复心理不仅会伤害他人，还会将自己置身于危险的境地。因此，大家要学会自我调节，采取正确的方式来解决问题，切不可冲动报复。

平时，大家要与同学和睦相处，不要故意欺负同学，以免给对方带来心理伤害，成为对方报复的对象。

如果在学校受到同学欺负，大家可以告诉老师或家长，请他们帮忙解决问题。

大家要认识报复心理的危害，不要在暗地里陷害同学，以免引发难以挽回的局面。

大家要学会宽容，原谅同学的一些无心之举，例如不小心被踩到、碰到等，这样有助于同学之间和睦相处。但是宽容不是一味忍让，如果对方是故意的，大家可以向老师或家长求助。

心理专家提醒，这些小细节也会引发意外危险

★给父母的话：孩子的心理调节能力有限，父母需要从生活中的细节之处引导孩子的心理和行为，帮助孩子健康成长。

父母要给孩子树立正确的榜样，不要为生活中的一些小事儿而报复他人，以免孩子模仿。

孩子在学校被同学欺负，父母可以和学校老师、对方的家长进行协调，不要和对方暴力相向。

总想和大人对着干——叛逆

防范危险，首先要认识危险

明知道不对还和父母对着干。
动手殴打老师。
对抗学校，故意违反校规。

防范危险，安全方法要牢记

你知道吗？在一生之中，人们常常会经历三个叛逆期，第一个是 2 岁时的“宝宝叛逆期”，相信大家都不记得了；第二个是 7 岁左右的“儿童叛逆期”，也许你正在或已经经历过了；第三个就是 12 岁～ 18 岁之间的“青春叛逆期”，这是最为人们熟知的一个时期。在叛逆期中，大家的情绪波动比较大，更为关注自我，因此很容易与他人发生冲突，尤其是与成年人沟通时，过激的叛逆心理不仅会给他人带来麻烦，还会给自己平添许多烦恼。所以，掌握一些安全的心理方法是非常必要的。

叛逆心理是叛逆期的一种心理表现，它并非什么不健康的心理，但是如果表现过激的话，就会成为一种反常心理，不利于身心健康发展。所以，大家要学会正确看待叛逆心理。

如果父母的建议是错误的，大家可以直接向父母说明白，不要意气用事和父母对着干。

若是在学校和老师发生争执，大家可以开诚布公地与老师谈话，不能随便动手殴打老师，更不能蓄意报复，以免给自己和他人带来麻烦。

叛逆不是另类，所以违反校规并不是明智的选择，大家千万不要为了彰显“个性”而故意与学校对着干。

心理专家提醒，这些小细节也会引发意外危险

★给父母的话：叛逆期的孩子十分敏感，父母在与孩子沟通时要注意下面这些小细节，帮助孩子度过这一特殊时期。

不要溺爱孩子，父母应该用正确的方式引导孩子成长。

转换角色，站在孩子的角度思考一些问题。这样能够有效地获悉孩子的想法，更利于拉近彼此距离。

与孩子有关的事情，事先征求一下孩子的意见，在不违反法律的情况下，尽量放手让孩子去做，顺其自然往往要比束缚更有利于孩子成长。

胆小怕事不愿见人——自闭

防范危险，首先要认识危险

刻意远离集体，不参与集体活动。

因为害怕交往而拒绝所有人的邀请。

无论做什么都要躲在父母身后。

防范危险，安全方法要牢记

我们这里所说的自闭，并不是医学上的“孤独症”，而是一种广泛意义上的心理疾病。通常我们会用外向、内向来形容一个人的性格，如果一个人过分内向，那么他很容易出现自我封闭的现象：害怕周围的人和事，不愿和他人交往，沉浸在自己的小世界中，等等。我们生活在一个相互沟通的世界，过分内向会严重影响大家将来的成长，因此，大家应该尝试融入集体，学会感受生活中的美好。

为了增加与人接触的机会，大家可以独自买东西，慢慢培养自己的勇气。

主动参加集体活动，这样可以学习合作，慢慢扩大自己的交际圈。

如果在人际交往中遇到问题，大家可以向家人或其他亲近的人求教，找到解决方法。不要闷在心里什么也不说，并因此而退缩。

如果感觉不开心，大家可以用一些恰当的方式排解郁闷。不要过分记恨某人、某事，这种消极情绪很容易产生过激反应，对自己的身心成长有负面影响。

心理专家提醒，这些小细节也会引发意外危险

★给父母的话：内向的孩子通常比较敏感，因此父母要注意自己的言行，以免对孩子造成心理刺激。

总是指责孩子。这种消极暗示只会阻碍孩子“走出去”，父母应该屏弃这种“打击教育”，采取积极的鼓励方式引导孩子。

长期将孩子独自留在家中。父母因为工作忙而忽略孩子是导致孩子内向、自闭的主要原因之一。要扭转这种局面，父母就要多与孩子沟通，带孩子主动接触外界事物。

以自我为中心——冲动易怒

防范危险，首先要认识危险

动不动就发脾气。

故意找茬，给别人制造事端。

一生气就摔东西。

从来不考虑他人感受，以自我为中心。

防范危险，安全方法要牢记

在遇到不顺心的事时，人们常常出现生气、愤怒等情绪，这种情绪是一种正常反应，然而一旦表现过激，就会变成异常心理，如果不加以控制的话，很容易引发不良后果，如肢体冲突。因此，大家应该学会控制自己的情绪。

感觉愤怒的时候，大家可以通过听歌、看书、做运动等方式舒缓情绪，不要随便摔东西，这样很容易伤到自己和他人。

在与他人发生口角时，大家可以尝试深呼吸，让自己冷静一些，重新思考一下前因后果。千万不要因为一时冲动而动手打架，以免造成不可挽回的局面。

在与他人交往时，大家应该融入集体，和他人互帮互助，不要只考

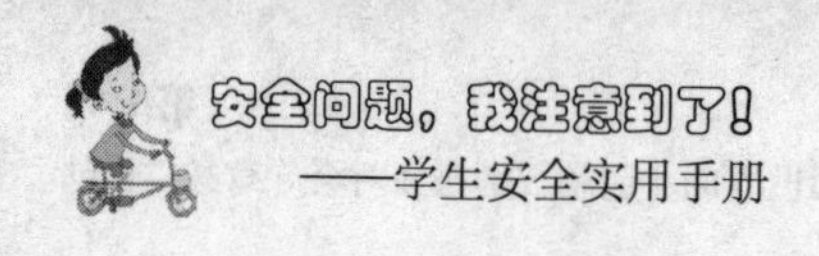

虑自己，恣意妄为。

分享、商量、乐于助人等方式都是与他人和睦相处的好方法，能有效地减少冲动易怒。

心理专家提醒，这些小细节也会引发意外危险

★给父母的话：父母的性格往往对孩子的性格有着潜移默化的影响，因此，父母应该注意自己身上的小细节，用恰当的方式引导孩子养成良好的性格。

父母应该学会克制自己的情绪，不要总是对孩子或其他人与事发脾气。

平时，父母不要对孩子的任性过分包容，这种教育方式很容易让孩子养成自私自利的坏习惯，不利于孩子身心成长。

嫉妒别人的成绩——敌视他人

防范危险，首先要认识危险

嫉妒比自己优秀的人，故意敌视对方。

在背后说对方的坏话。

故意损毁对方的物品，欺负、威胁对方。

防范危险，安全方法要牢记

嫉妒是一种非常狭隘的心理表现，它会让我们产生冷漠、排斥、仇恨等负面情绪，还容易刺激人们做出一些错误、偏激的行为，如陷害、欺骗等。嫉妒心理不仅阻碍我们前进的脚步，还会给我们的生活笼罩上一层阴影，对将来的成长极为不利。因此，大家要学会改善自己的嫉妒心理。

大家可以将优秀的人当作榜样，学习对方身上的优点，不要过分自卑或自傲。

敞开自己的心扉，真诚地与优秀者交往，并为他人的优异成绩感到高兴，你会发现和睦相处比互相敌视更愉快。

大家要学会公平竞争，不要恶意中伤对手，这种做法不仅会给他人带来伤害，也会损害自己的名誉。

保持谦虚的学习态度，就算超越了对手，也不要自傲、自负，更不能嘲笑比自己差的人，这样会伤害他人的自尊心，也会让自己被孤立。

心理专家提醒，这些小细节也会引发意外危险

★给父母的话：在生活中，父母还需要从细节入手，用恰当的方式引导孩子的嫉妒心理，帮助孩子树立良好的心理状态。

不要总在孩子面前对他人评头论足，以免让孩子形成挑剔、自负的不良心理。

如果发现孩子有嫉妒心理，父母不要冲动地指责孩子，而应该与孩子进行沟通，找出嫉妒的根源，然后对症下药。

对学习没有兴趣——厌学、逃学

防范危险，首先要认识危险

私自逃学，到别的地方去玩。

荒废课业，课上睡觉、课下不做作业。

为了逃学欺骗老师和家长。

防范危险，安全方法要牢记

你喜欢学习吗？也许有些人常常问自己“我为什么要学习”“我是在为谁学习”之类的问题，其实这个问题说难不难，说简单也不简单，关键在于自己的心态。社会上有形形色色的人，不同的人从事不同的职业，因此我们的生活才会丰富多彩。作为学生，如何看待学习，将会对大家今后的成长起着深远影响，所以，大家要调整好自己的心态，重新审视学习这件事。

大家可以对自己做一个“自我问卷调查”，将自己对学习的看法写出来，这样有助于大家更好地认识自己、认识学习。

如果不想上学，大家可以告诉父母原因，绝不能欺骗大人，自私逃学去玩，以免遇到危险。

不同的科目有不同的特点，大家可以尝试发掘每种科目的优点，看一些与之相关的趣味书籍，慢慢培养学习兴趣。

如果感觉学习吃力，大家可以告诉老师和父母，采取恰当的方式来改善这种状态。

大家可以拓展自己的兴趣爱好，这样有助于培养自己的学习热情。

心理专家提醒，一些恰当的方法可以降低危害

★给父母的话：孩子不喜欢上学的原因有很多，找出孩子不爱上学的根源，和孩子做好沟通，更有助于改善孩子的心理状态。

有的孩子不喜欢上学与老师有关，父母可以向学校了解一些教师情况，找出孩子厌学的原因，然后采取合适的方法。

如果孩子是因为在学校受欺负而不愿上学，那么父母就要及时与校方协调，以保证孩子能健康、平安的学习。

不想承担责任——说谎

防范危险，首先要认识危险

自己犯了错，却将责任推给他人。

为了逃避某件事而说谎骗人。

谎称学校交钱，向父母骗钱。

防范危险，安全方法要牢记

你说过谎话吗？你了解谎言吗？在日常生活中，有些谎言并没有恶意，有些谎言则充满陷阱。人们出于各种心理原因而说谎，有些人为了让别人开心、安慰他人，有些人为了保护自己，有些人故意吹嘘，有些人则为了满足私欲……大家要学会分辨不同的谎言，以防养成不好的说谎习惯。

犯错时要勇于承认，不要将错误推在他人身上。这种行为不仅会给他人带来伤害，还会损毁自己的名誉。

为了得到某物而欺骗他人是一种糟糕的行为，如果养成说谎的习惯，不仅会失信于人，还容易误入歧途。

吹牛也是一种说谎行为，而且这种习惯很不好，容易惹祸上身，因此大家要诚实，不要为了爱慕虚荣而自我吹嘘。

大家要学会交友，识别友情中的谎言，以免上当受骗。

心理专家提醒，这些小细节也会引发意外危险

★给父母的话：有时候，孩子说谎并非出于恶意，父母要留意生活中的一些小细节，帮助孩子改掉说谎的坏习惯。

如果发现孩子偷东西并说谎，父母要及时引导孩子的行为，让他认识自己的错误，并主动改正，切忌打骂。

父母要学会分辨孩子的谎言，了解孩子撒谎的原因，然后对症下药，引导孩子的行为。

原创家教系列

成墨初写给男孩的
50个励志格言

成墨初写给女孩的
50个幸福箴言

好孩子
是夸出来的

每天懂一点
亲子心理学

父母
如何应对
男孩成长危机
一看就懂，一学就会

父母
如何应对
女孩成长危机
一看就懂 一学就会

父亲的教育
决定孩子未来

母亲的教育
决定孩子一生

影响世界的父教法则
60位世界杰出精英的父教智慧

影响世界的母教法则
60位世界杰出精英的母教智慧

德国妈妈
是怎样教育孩子成长的

爸妈不盯
也放心

让孩子当主角

非惩罚性
教子智慧

用爱为孩子
撑起倾斜的天空

妈妈改变1%，
孩子改变100%